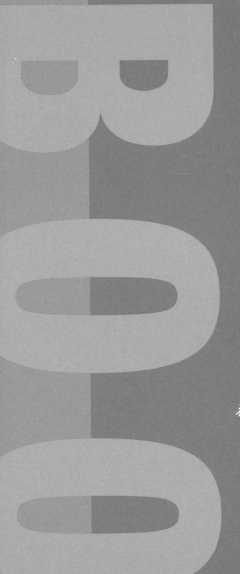

新自然主義

BOOK

新自然主義

節能、生態、減廢、健康、平價

MAGIC SCHOOL OF
GREEN TECHNOLOGY

綠色魔法學校

增訂版

傻瓜兵團打造零碳綠建築

成功大學建築系教授

林憲德 著

何基豪電腦繪圖作品

目錄

01 拯救地球的環保教育基地

02 「綠色魔法學校」啟航！

四倍數的節能魔法

04 自然美的生物多樣性設計

05 綠建築傻瓜兵團

06 綠色建材百分百

一生至少當一次傻瓜

●本書隨時舉辦相關精采活動，請洽服務電話：（02）23925338 分機 16。

●新自然主義書友俱樂部徵求入會中，辦法請見本書末讀者回函卡頁。

不只是標竿綠建築，更是環保的示範教育基地

我與本書的作者林憲德教授在2003年相識，在那之前，我對綠建築已有初步的概念，知道林教授是台灣綠建築指標EEWH的制定者，也是位充滿行動力的建築師之後，我們的合作便從台達電子在台南的新建廠房開始。在林教授的巧手設計之下，台達電子南科廠完全依照綠建築工法興建，節能效果高達31%，節水效果更達50%，2006年即為國內第一座獲得黃金級標章的廠辦建築，2009年則再升級為「鑽石級」標章，引起各界對綠建築的興趣，前來觀摩的訪客絡繹不絕。這樣的結果真是讓我始料未及。我和林教授都覺得綠建築不僅要節能節水，而且要舒適健康，因此希望再建一棟更理想的綠建築讓民眾參觀了解其好處而普及，實在是件有意義的事。正因如此，2007年我捐資協助母校成功大學興建的「孫運璿綠建築研究大樓」，便由林教授負責設計，成就了今日的「綠色魔法學校」。

在大樓施工期間，林憲德教授曾帶我參觀工地。我記得當時參觀施工中的國際會議廳，一踏進去便覺得那裡特別涼爽，與一般不開空調時特別悶熱、開了空調又必須披上外套的展演廳很不一樣。林教授向我詳細解說他如何利用古老的「灶窯通風」觀念，打造幾乎不需要開空調又舒適的國際會議廳，而且不需要昂貴的設備即可做到。我非常佩服林教授領導的研究團隊，為了證明節能效果，他們動員四位教授與十二位博碩士生，做實驗、寫論文，創造出史無前例的研究

型設計案例，演出令人歎為觀止的節能減碳魔法。綠建築的背後其實奠基著深厚的研究基礎，這個團隊真是幕後的大功臣。「綠色魔法學校」在尚未完工之前就名聞遐邇，連探索（Discovery）頻道都趕在完工前就來拍紀錄片，充分達到教育的效果。

今天人類的各項活動，不應該因循故態，我們要不斷地創新尋找新的生活方式，打造一個人類與自然生態和諧共存的環境。林教授在書中形容我是一個「彩色的環保理想主義者」，其實做一個企業經營者，其努力不應只追求利潤及股東的利益，我們要善盡企業公民的社會責任。個人捐助興建成功大學「孫運璿綠建築研究大樓」，不只是綠建築的實踐，更是一座環保的示範教育基地。我希望未來能有更多「傻瓜兵團」加入拯救地球行動，相信聰明的人類，一定能不斷做出各種解決氣候變遷環境保護的方案，共創美好的明天。

台達集團創辦人暨榮譽董事長

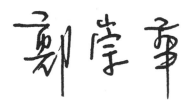

【推薦序二】打造零碳綠建築，共創低碳好環境

「零碳建築」的概念，在國外已推動多年，即使是在中國，也有代表性建築。我國的生態、環境、建築、電機等領域，長期都是各領風騷，但是跨領域間的合作，以促成真正零碳建築的形成，實有待有心人士的努力。

林憲德教授以建築領域的專業，來引導台灣在「零碳建築」方面的努力，值得佩服。未來的建築，將在抑制能耗與溫室氣體排放的推力下，不斷演進。「綠色魔法學校」已奠定其標竿地位，其對台灣建築界的影響，將是永遠無法忽略。

近年來，破紀錄豪大雨不斷在台灣發生，台灣人退無可退，必須在異常的氣象災難中，尋找安身立命的良方。其中，建築設計必須改變，必須像提高防震強度以應付大地震般，重新設計調整。關鍵就是：建築必須像顆大樹，具備儲存豪雨的能力，而非像目前的建築，個個披上了雨衣。

現階段，豪大雨時，人人躲在建築中，雨水也確實進不了建築。但在飆速暴雨中，排洪系統跟不上豪雨變遷的速度，結果是洪災處處，人人自危。但若是建築能夠吸納豪雨呢？美國休士頓市要求：建地內的降雨，在法定限制範圍內，不得流到公共排水溝系統中。相同的規範設計，台灣不知何時才看得到？

此外，道路設計也需改變，傳統的排水溝設計必須淘汰。譬如台北市一小時可以排除85毫米降雨的排水系統，已經無法應付時雨量飆破150毫米的豪大雨，但是道路卻可以改變，

可以改變為：整個路面下是條河川，讓雨水宣洩。不過，不需要像日本東京琦玉縣，在高速公路之下興建龐大的地下河道，而是在不增加傳統道路興建費用下，讓每一條道路都變成一條龐大的排水溝。

「綠色魔法學校」的正前方鋪面，就具備地下河川的功能。同時，它是四十年不需翻修，真正降低物質消耗，避免浪費資源與能源。更且，它能降低路面氣溫與吸納汽機車的空氣污染排放，以及吸收二氧化碳，提供鋪面下的生態系統無限生機。估計若全台灣道路鋪面都改變，可以吸收10%的汽機車二氧化碳排放，約達300萬公噸，相當可觀。

在此，誠摯推薦這一本共創低碳社會必讀的綠建築新知手冊。

低碳環境學會理事長

誠實面對真相，找回人與自然相處之路

我想，「綠色魔法學校」應該是一個夠炫的招牌吧！因為大家聽到「魔法學校」，都好奇地想知道它葫蘆裡賣什麼藥？在它完工前，已經有很多小孩子，拉家長進來要看看雕在牆上的大象、老虎，看著那隻掛在高空上的大瓢蟲，期待牠快爬上葉面上。「綠色魔法學校」顯然已引起熱潮，希望這熱潮是帶領拯救地球行動邁向成功的第一步。

說拯救地球，未免太自大了，因為地球只是宇宙滄海之一粟，任憑人類如何粗暴，說什麼環境危機，死的只是人類自己，宇宙依然運行不已，地球一點也不會停下腳步。只不過，不甘心的是，為何位居文明顛峰的現代人，卻吃不到無毒的食物，喝不到乾淨的水，呼吸不到新鮮的空氣？連初生嬰兒的臍帶血中已經含有287種有毒化學物質（2004年美國環境行動團體EWG檢驗）。做為人類，顯然已毫無尊嚴，待在地球只是苟活而已。

身為現代人，或許已經來不及後悔，不過追求生活上的一點尊嚴，卻是我們唯一可以選擇的行動。但享受慣的人類，還無法承認人類文明可能毀於一旦的真相，鮮有人情願去做環保的苦行，因此我編造了一個可愛的「綠色魔法學校」故事，把環保苦行裡上了一層甜蜜的糖衣，希望能誘導一些傻瓜加入「綠建築傻瓜兵團」，投入拯救地球的「阿甘行動」。

然而，「阿甘行動」需要一股傻勁，但不能是暴虎馮河，也不能自欺欺人。我們必須有認清環境真相的勇氣，才能產生真正的信念，並化為萬夫莫敵的環保行動。「不願意面對的真相」的影片，曾讓高爾一炮成名，但高爾本身卻也有「不願意面對的真相」，因為他從不敢告知美國人：在美國有99％之使用產品與生產原料，在出售六週內就被丟到垃圾堆中，美國才是造成地球環境危機的罪魁。

儘管人類高喊拯救地球，但「不願意面對的真相」卻遮住許多人的眼睛，因為他們不願放棄享受，只寄望於新科技會拯救人類，因而延誤了有效的環保行動。看看哥本哈根會議，各國只顧推諉責任，毫無有效的拯救地球行動，沒有政府敢採取最有效的「能源稅」、禁止農藥生產或停止武器競賽，卻只見一群覬覦商機的假環保專家，趁火打劫似地大聲倡導「碳經濟」，做起碳盤查、碳揭露的生意，要求產品做「碳足跡」認證，真不知這種做做樣子的「碳足跡標示」，在馬照跑、舞照跳的貪婪生活下，對環保有何實質幫助？這就像戈巴契夫所說，人類就像「鐵達尼號」（Titanic）郵輪上的乘客一樣，當郵輪下沈時，只會把椅子從下層甲板往上一層搬，忘了其他有效的行動。

我之所以把關於「綠色魔法學校」的設計概念、興建過程、建材選擇等過程寫在書裡，其實是有一種撥亂反正的用心。當今的綠建築，已成為一種流行時尚，但卻有一股嚴重「不願意面對的真相」，把綠建築當成商機，把綠建築當成太陽能晶片或綠色產品的拼裝車。許多建築雜誌與電視媒體因為商業利益，對綠色科技只報喜而不報憂，常隱瞞違反環保的事實，並傳播一些不實的綠建築訊息。尤其一些建築大師的名作，只知爭奇鬥豔、奢華浪費，而附會風雅、小題大作地

裝了一些小小的綠色設備，就被媒體渲染成是了不起的綠建築大作，嚴重誤導綠建築的真諦。

綠建築已被渲染成是昂貴的高科技產物，但講真話的「綠色魔法學校」卻標榜綠建築應該要更平價、更有效率不可，它以行動證明：不花一毛錢，也可以減少照明耗能四成；引進簡單的古老灶窯原理，就可節約兩成的空調耗能；辦公室採用傳統的吊扇設計，即可節約空調耗能76％，這些見證正可拆穿那些覬覦綠建築商機的「國王新衣」。我們只要誠實面對環境真相，發揮道德勇氣，就不會被科技與物慾的魔鬼附身，就可以徹底找回人與自然相處之樂趣。

瓢蟲、海盜船、諾亞方舟、拿破崙的軍帽……，這載滿幻想與童話故事的「綠色魔法學校」，不只展現了「平價綠建築」的魔法，也即將啟動一系列愛地球的魔法列車，以培育地球環保的魔法尖兵。我很高興，這次「綠色魔法學校」徵求志工80人，卻引來200多位傻瓜來報名，未來還有千千萬萬的傻瓜們，即將搭上魔法列車。這群魔法兵團正枕戈待旦，期待這些魔法列車快快出發，以便趕在大洪水來臨前，護送子孫到達安全之地。

本書作者、成功大學建築系教授

拯救地球的環保教育基地

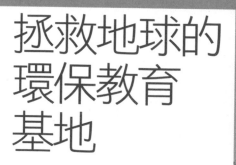

這是一群素不相識的企業家、科學家、教授、藝術家、學生、志工聚在一起，組成一個「綠建築傻瓜兵團」要拯救地球，共同打造一艘「諾亞方舟」的故事。這艘「諾亞方舟」，就叫作「綠色魔法學校」，不但是台灣首座「零碳建築」，更是全球第一座亞熱帶綠建築教育中心。

01

「最賺」的一場演講

這是一部充滿科學幻想，卻百分之百真實的故事，是一群要拯救地球的傻瓜兵團，共同打造一艘「諾亞方舟」的故事。這艘「諾亞方舟」，是台灣首座「零碳建築」，就叫作「綠色魔法學校」。

這個故事來自於我的一場演講。這是我一生中「最賺」的一場演講，因為它讓成功大學賺進一億元以上的建設基金，也讓一群素不相識的企業家、科學家、教授、藝術家、學生、志工聚在一起，組成一個「綠建築傻瓜兵團」，完成了一個不可能的拯救地球行動。這演講就是2003年11月14日在台達電子總部，我針對「綠建築」所作的一場演講。

記得那年11月初，崑山科技大學的楊明興校長打了一通電話給我，邀我去台達電子談一談綠建築的理念。11月14日，我跟楊校長一到內湖的台達電子總部，看到鄭崇華董事長，很驚訝他對綠建築充滿了無比的使命感。

對綠建築充滿
無比使命感的
鄭崇華董事長

初見面，他就認真地跟我們討論一些當前的地球環境危機，希望推動綠建築來拯救地球。他總是笑瞇瞇地，跟部下談話的樣子，有如朋友般有說有笑。他甚至拉著我們，親自導覽台達電子的產品，一點也沒有大企業家的架子。真不敢相信這位天真的科學頑童，竟能統領一個全球電腦、電信、消費性電子，以及網路通訊產業的世界級領導企業，而且還獲得過美國《Asset財資雜誌》的「最佳公司治理獎」，被英國研究機構CN Intelligence Research評為最高等級「公司治理A級」的老闆。

原來，鄭董追尋綠建築之夢已久。他一向以地球環保為己任，為了興建台達電子的綠色工廠，已經到德國、印度、泰國請教過無數綠建築的良方。然而，不可思議的是，他竟然不知道台灣在1999年建立了綠建築EEWH評估系統，並實施「綠建築標章」認證已有三年之久。他是在2003年出訪美國落磯山基金會（Rocky Mountain Foundation）諮詢綠建築技術時，才由該基金會告知台灣已有良好的綠建築系統，因為該基金會2001年在世界綠建築協會（WGBC）第二次大會（在印度召開）中，曾看到台灣綠建築協會（TGBC）申請加入世界綠建築協會，並聽到台灣報告綠建築的發展現況，因此他才透過楊校長找我來演講。

崇尚自然，才是綠建築的根本

演講一開頭，一如我的風格，就提醒他們不要把綠建築幻想成「閃閃發亮的太陽能晶片、嗡嗡作響的風力發電、核子潛艇般的儲冰空調」，反而告訴他們要回歸「自然通風的房子、儉樸的建築造型、無華的室內設計、重複使用的家具建材、最少管理的庭園景觀」，才是綠建築的真精神。我更強調

「綠建築標章」與「EEWH系統」

「綠建築標章」是用來識別、獎勵建築物對環境友善程度的標示。台灣的「綠建築標章」制度建立於1999年。當時採用「綠化量」、「基地保水」、「日常節能」、「CO_2減量」、「廢棄物減量」、「水資源」、「污水垃圾改善」等七大指標，作為綠建築草創期之評估體系。2003年由原七大指標系統，加入「生物多樣性指標」與「室內環境指標」，組成九大指標系統，但為簡化起見，將內容屬性相近的指標統合，歸納為生態、節能、減廢、健康等四大範疇，同時將此體系簡稱為「EEWH系統」。

為了因應不同建築類型與擴大生態社區之發展，到2011年，台灣的綠建築EEWH系統預計發展完成：1. EEWH-BC（綠建築基本型）、2. EEWH-EC（生態社區）、3. EEWH-GF（綠色工廠）、4. EEWH-RN（綠建築更新）、5. EEWH-IU（智慧建築升級）、6. EEWH-SH（智慧住宅）等六大系統。

EEWH-BC是最基本的原形，適用於大部分新舊建築的綠建築評估，目前採用五等級評估，亦即以得分概率95%以上為鑽石級（得分53分以上）、80%～95%為黃金級（42≦得分＜53）、60%～80%為銀級（34≦得分＜42）、30%～60%為銅級（26≦得分＜34）、30%以下則為合格級（12≦得分＜26）之五等級評估系統，其得分概率分布如下圖所示。

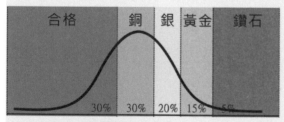

EEWH-BC系統之分級評估

台灣的綠建築標章

綠建築不是昂貴的建築，而必須是更便宜、更自然、更本土的技術才行。這說法跟大多數媒體把綠建築描繪成神奇活現的高科技不一樣，讓他們耳目一新。我葫蘆裡並沒什麼藥，有的只是一般生活常識而已。

這三十分鐘的演講一完，大家都感到如釋重擔，對綠建築變得很有心得，因為綠建築不是遙不可及的理論，而是來自平凡生活中的靈感，只要善於觀察自然，你我都可成為優秀的綠建築專家。

這時，鄭董馬上起身，走到窗邊，拉開窗簾、引進自然光，並請幕僚關上部分電燈，接著對大家說：「這種晴朗的天氣，我們竟然關窗簾又開燈，真是太浪費了。想到小時候在福建的老家，大廳的天花板很高，牆很厚，隔熱效果很好，而且大廳兩旁各有一個天井，天井風會產生浮力通風，即使大門深鎖還是很涼快，當時幾乎無處不是綠建築，我們真應該反省如何崇尚自然，才是綠建築的根本。」他這直爽的反應，應該是對我極大的稱讚，尤其一個國際企業的大老闆，能夠不吝鼓勵後進，令我十分感動。

一個禮拜之後，我接到台達電子文教基金會的來電通知說，鄭董邀請我設計台達電子的南科廠，總工程經費三億五千萬元。這讓我受寵若驚，不過我也驚訝於鄭董為何只憑一席話，就把大工程交給人家做？為何不怕中了江湖郎中的騙？為何不怕我只是一位光說不練的教授呢？

也許，這就是企業家識人的本事吧。還好，我的建築設計經驗還算豐富，得獎作品也不少，尤其受到伯樂之識，我更是兢兢業業，特別邀請實力堅強的石昭永建築師配合，並親自操刀，全力以赴了。

贏得鑽石級的綠建築，造價並不貴

經過一年的努力，台達電子南科廠終於在2005年完工，於2006年拿到內政部全國第一座黃金級「綠建築標章」，也獲得該年內政部建築研究所的「優良綠建築設計獎」，2009年又以節能的實績晉升取得鑽石級「綠建築標章」。

得獎並不難，困難的是：我一直強調「綠建築是不貴的」，到底如何實現？慶幸的是，這棟建築的土木造價每坪只花了7萬元（不含空調），在當時只是一般水準，但在2006年卻能達到節能34.5％的實績（與一般辦公建築用電強度水準148kWh/(m^2.yr相比），一直到2009年均維持40.0％的節能效益，每年員工滿意度均高於95.0％。對於這樣的成積，一如我的堅持，並沒有動用昂貴的高科技設備，只是設計了浮力通風中庭、深遮陽開窗、風雨玄關與野放生態密林而已，這些都是最廉價、最簡單，但卻是最有效益的生態設計手法。

例如，在台達電子南科廠地下停車場的兩側設計了採光井，讓地下室有良好的對流通風。只花了20萬元裝設一氧化碳濃度偵測器，讓地下室空氣一氧化碳濃度到達10ppm（勞動安全標準）以上時才啟動抽風機排風，結果因為空氣品質良好，始終未啟動過抽風機，平均一年賺回了37萬元的排風電費，所投入的偵測設備費約半年多即回收，這就是我所堅持的低成本、高效率的「四倍數」原則。

無論如何，綠建築最重要的還是要結合藝術美學，台達電子南科廠有陰影變化、韻律節奏感的外觀與雕塑藝術的鋼板結構玄關，讓它看來很漂亮、很休閒，宛如一座五星級觀光旅館，甚至常有來訪南科的外賓，頻頻詢問進來住宿的方法。

1.2.台達電子南科廠外觀,營造多變化的遮陽設計

3.台達電子南科廠中庭景觀,並特意設計外觀明顯的樓梯間

4.台達電子南科廠立面採光外牆設計

鄭董對此十分高興，因此在2007年又以私人名義捐贈一億元給成功大學，希望我能為他再設計一座「綠建築研究大樓」，以作為推廣綠建築教育之用。回想2003年這場三十分鐘的演講，只是簡單的綠建築理念的溝通，卻因此連續得到兩件大工程的設計委託，也為成功大學賺進了一億元的建設經費，堪稱是一場最賺的演講。我與鄭董素不相識，但因綠建築而結緣，共同為地球環保教育邁出了一步。

會呼吸的地下停車場

通風
綠點子

地下停車場是最令人敬而遠之處，因為它毫無自然採光通風，充滿霉味、噪音與油煙廢氣。雖然建築法規規定地下停車場，必須有充足的機械通風換氣量，但大部分的住宅大樓或公共建築，為了節約用電，通常每天只在上下班尖峰時段的一小時開動機械通風，其他時間均處於嚴重空氣污染的情形。

事實上，地下停車場可利用採光天井設計，來解決空氣污染與節約能源的困擾，例如台達電子的南科廠與「綠色魔法學校」均採用此秘訣來達成零耗能的地下停車場通風設計。首先，在地下停車場的各側設計了細長的採光井，讓地下室產生良好的對流通風，尤其車輛進出即可依照活塞原理進行通風換氣。接著，為了雙重保險，在停車場重要代表位置裝設一些一氧化碳濃度偵測器，設定其偵測一氧化碳濃度到達10ppm（勞動安全標準）以上時即啟動機械排風。事實上，只要天井位置的對流方位良好，通常都能讓抽風機在全年備而不用下亦能維持良好空氣品質。這種一氧化碳濃度偵測控制的投資，在半年內就能回收。

「綠色魔法學校」的地下停車場，不但設計了採光天井，還把採光天井設計成蕨類、姑婆芋、筆筒樹的自然園藝，讓停車場有如置於亞熱帶雨林中，令人心曠神怡。這種以自然通風為目的的採光天井設計，當然要因應地下停車場規模，在適當距離內配置充足面積的天井，藉此可引進喬木植物景觀，讓地下空間有如地上感覺，這才是良好的綠色停車場設計。

1.「綠色魔法學校」的地下停車場採光天井設計

2.「綠色魔法學校」的地下停車場種滿了喜歡耐陰濕的植物

3.台達電子南科廠地下室所留的自然採光通風井

全球第一座亞熱帶綠建築教育中心

我很羨慕鄭董的樂觀人生，因為他永遠相信科學，希望能以科技拯救地球，但我卻不信任科技，同時對人類的物慾沈淪與地球的環境危機充滿悲觀。然而，我們卻對地球環保同樣充滿責任感，只不過他是一位彩色的環保理想主義者，我卻是一位黑白的環境贖罪主義者。

鄭董是一位多做少說的實踐家，他常說：「太陽系的演進經過46億年，但人類自工業革命以來，短短300年，卻幾乎要把46億年的天然能源使用殆盡，如今地球的石油蘊藏量只剩35年，我們這一代再不做環保，我們的子孫幾乎沒有明天了。」這句話道盡了鄭董的憂心，也凸顯了台達電子的環保行動。

根據2006年《國際先驅論壇報》（International Herald Tribune）的報導，台達電子是全球最大的電源供應器廠商，全球使用其供電效率90%的電源供應器的電腦約達一億台，三年約可省下400億度電，相當於十一座林口火力發電廠的發電量。2008年，台達電子榮獲《CNBC歐洲商業雜誌》選為「全球百大低碳企業」，且是唯一入榜的華人企業。

對鄭董而言，地球環保並非趕時髦之事，而是心甘情願的終生志向。2005年，他為了實踐科技拯救地球的行動，率先從美國購買一輛環保油電混和車TOYOTA Prius來使用，還因此被扣了100％的進口關稅，一共花了222.6萬台幣，付出美國當地售價的2.3倍，但為了地球，卻甘之如飴。2006年10月，美國前副總統高爾所拍攝的環保電影《不願面對的真相》在台灣演出，鄭董立刻指示台達電子文教基金會提供免費電影票，發動全民觀賞。

自從台達電子南科廠得到綠建築標章之肯定後，鄭董更誓言今後所有台達電子企業的新建建築物，均必須拿到台灣綠建築標章的最高認證才行。這次的「綠色魔法學校」，希望建立全球第一座亞熱帶綠建築教育中心，正是他另一項的阿甘行動。

拯救地球的傻瓜兵團

鄭董生平最尊敬李國鼎與孫運璿——兩位為台灣帶來經濟奇蹟的科學家兼政治家，原先為了紀念孫運璿資政，要我設計一棟「孫運璿綠建築科技大樓」送給母校成功大學。然而，我知道捐樓給大學已屢見不顯，不足以彰顯鄭董的環保理念，因此我慫恿他把這大樓同時命名為「綠色魔法學校」，並擴大成為地球環保的教育基地，以吸引全國的注目。

同時，我又透過成大新聞中心發布消息，希望募集國內最高水準的「綠色科技伙伴」，引進國內最有效益的綠色產品或綠色科技，以共同打造全球最高品質的綠建築大作。此消息一出，果真立即從四面八方，湧來各地的環保螞蟻雄兵志願相挺，有錢出錢，有技術出技術，讓「綠色魔法學校」從油漆、地毯、水泥、石材、玻璃、電線、鋼板到空調設備，點點滴滴都化身為最尖端的綠色教材。

這群令人感動的環保義勇軍，有如一隊傻瓜兵團，個個不計代價，展開一場拯救地球母親的大作戰。到現在，我還覺得不可思議，是什麼吸引這群傻瓜來共襄盛舉？這也許是出於對地球危機的體認而採取的自發行動吧！地球母親已病入膏肓，「綠色魔法學校」剛好是拉母親一把的機會。即使是螳臂當車的傻瓜行動也好，這熱烈的迴響，已凸顯了樂觀主義鄭董的德不

科技促進中興
缺憾還諸天地

Boost The Nation With Science
Leave The Regrets To The Mother Nature

孫運璿
Yun - Suan Sun
1913~2006

孫運璿紀念雕像實景，一
旁刻著「科技促進中興，
缺憾還諸天地」之名言

孫運璿家人很滿意林文海
教授為孫資政所做塑像

孫運璿
Yun - Suan Sun
1913~2006

成功大學黃煌輝校長
（中）為孫運璿紀念雕
像安裝實景

孤，也讓悲觀主義的我，看到拯救人類文明的一線曙光。

為了紀念孫運璿資政，特別禮聘東海大學美術系的林文海教授，為孫資政塑了一個青銅頭像，置於入口的大石牆上。林教授只憑幾張孫資政在書籍上的照片，就塑出一個讓其家屬驚為本人的頭像，讓大家都非常滿意。另外，還特別由《孫運璿傳記》中，挑出「科技促進中興，缺憾還諸天地」之名言，刻於石牆上，以紀念此不朽的工程偉人。

「綠色魔法學校」的承諾

鄭董衝著建築系捐贈一億元，讓成功大學當局感到非常訝異，因為建築系在以工學為主的成大是微不足道的小系，過去的學術研究成果也不起眼，沒想到區區的綠建築研究可引來一億元的捐贈。

2007年1月29日，「綠色魔法學校」的捐贈儀式，於台北喜來登飯店舉行，成功大學前校長高強當場宣布，由成大研究發展基金會提撥配合經費六千萬元，以充實該大樓在能源監控、綠建築實驗方面之教學研究設備，並展示該大樓之環境教育成果。在記者會上，我們對外宣稱要達到「節能40％、節水50％、CO_2減量40％」的目標。

「節能40％、節水50％、CO_2減量40％」的口號雖然迷人，但我非常擔心如何兌現這張支票，因為亞熱帶氣候是全球耗能需求量最低之處，就像乾毛巾擰不出水一樣，簡直是一張很難兌現的支票。所謂節能40％，是低層辦公建築物在平均用電強度148度/(m².yr年)之情況下，達到88.4度/(m².yr年)之水準，是很難之

事。

幸好，兩年來在我們的系統化設計與實驗研究之下，這擔心終於得到化解。在2010年初，我們已經確定可以達成節能65%，減少碳足跡51.7%的世界頂級水準，同時也復育了4.7公頃的森林，完成「零碳建築」的最高理想，超越我們對外的一切承諾。

不過，我深知單單節能減碳之教條並不能服人，假如「綠色魔法學校」不美、不酷、不引人注意，即使高舉綠建築大纛，也將徒勞無功。如何創造一棟又美又節能的「零碳綠建築」，讓我承受很大壓力。

後來，我想起日本的江本勝醫生在其大作《生命的答案水知道》中提到：水分子會隨著外界的訊息而改變結晶，只要對水傳遞「感謝、愛」的話語，水分子就會呈現美麗的六角形結晶，變成對人體健康非常有益的小分子水。我期待蓋出一棟美麗的「超級綠建築」，因此我就衷心祈禱，天天對著設計圖紙訴說「感謝、愛」之情，期待老天給我靈感，給我創新的泉源。

也許祈禱有用吧？讓我陸續找到了星際大戰飛船、哈利波特、拿破崙軍帽、鐵達尼號等靈感，同時也出現許多企業義勇軍來為我加持，捐贈了長毛象、諾亞方舟大壁畫、航空母艦探照

鄭崇華董事長捐贈一億元給成大興建綠建築教育中心的記者會

燈、逸仙艦絞纜器、蘭嶼獨木舟等神秘的道具來增添熱鬧，創造了一些耳目一新、老少咸宜的話題。

如今，「綠色魔法學校」已變成一個美麗的台南新地標，矗立於繁忙的小東路上，成為來往人潮注目的焦點。到現在，雖然我還不相信水分子會感受人類的「愛」，但我卻相信「愛」可以提升綠建築的設計水準。

【 綠 建 築 ‧ 綠 觀 念 】 小 索 引

1.綠建築的真精神
綠建築不是昂貴的建築，而必須是更便宜、更自然、更本土的技術，回歸「營造自然通風、儉樸的建築造型、無華的室內設計、重複使用的家具建材、最少管理的庭園景觀……」，才是綠建築的真精神。

2.亞熱帶綠建築
相對於熱帶或寒帶氣候，亞熱帶氣候是不冷不熱的潮濕氣候，其建築物全年的耗能相對不高，因此建築物的保溫與遮陽的節能效益不受重視。有鑑於此，適合台灣的綠建築設計重點，應該要強調自然對流的除濕設計、可遮雨和遮日的外遮陽設計，以及多孔隙建材的調濕設計等等。

3.生態設計
生態設計可以最廉價、最簡單的手法達成，例如在台達電子的綠色工廠，設計了浮力通風中庭、深遮陽開窗、風雨玄關與野放生態密林而已，但卻是最有效益。

4.停車場的採光井
一般的停車場密不通風且採光很差，加入採光井的設計元素就可以避免了。例如在地下停車場的兩側設計採光井，讓地下室有良好的對流通風，空氣品質和採光都變好了，甚至還可以不必啟動抽風機。這就是綠建築所堅持的低成本、高效率的原則。

「綠色魔法學校」啟航！

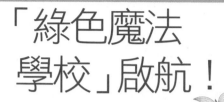

鄭董的捐款行動只是開始，「綠色魔法學校」只是媒介，我們必須在每個人的心中打造一艘不沈的「諾亞方舟」才行。而為了蓋出好品質，興建過程中幾乎網羅了建築「光、熱、風」的研究領域，以高超的學術研究，以最平凡的造價，取得台灣EEWH系統最高鑽石等級的評估，成為最值得推廣的「平價綠建築」。

史無前例的建築科學研究

「綠色魔法學校」建築面積4,800平方公尺，包括「崇華廳
（國際會議廳）」與六間中小型會議室所構成的國際會
議中心，以及「成大博物館」、「成大研究發展基金會」的辦
公區、「亞熱帶綠建築博物館」、「拯救地球行動導覽室」。

從一開始，我希望這建築每一部分都是最好的環保教材，所有
綠色科技都有科學證據，一切環保效益都禁得起專家的檢驗，
到處都裝上監測顯示器與導覽解說牌以作為教育示範。但這是
很嚴峻的挑戰，因為「綠色魔法學校」所網羅的不少先進技
術，遠超出我能力之外，因此我必須另找高手來相助。

幸好，我禮聘了成大四位頂尖的教授來跨刀相助，同時也動員
了五位博士生、七位碩士生，在三年間分頭進行十多項的建築
物理實驗，以最扎實堅強的科學研究，啟動了這艘標榜拯救地
球的「諾亞方舟」。

從2006年底接到鄭董捐款的消息起，到2009年初取得建照為
止，一共足足兩年，我不停修改設計，不斷投入實驗以求證綠
建築設計的環境效益，開啟了台灣史無前例的建築科學研究計
畫。甚至為成全此計畫，規劃學院院長徐明福教授向學校爭取
了80萬元經費，讓我們進行電腦數值模擬與模型實驗分析。

我同時邀請賴榮平教授做了國際會議廳的音響效果模擬分析，
保證了良好的音響品質，也請來周榮華教授指導我的碩博士，
進行自然浮力通風設計的CFD分析（見第42頁），其中碩士生
劉佩君的一篇論文後來被登錄在高品質的SCI學術期刊上，令大
家喜出望外。

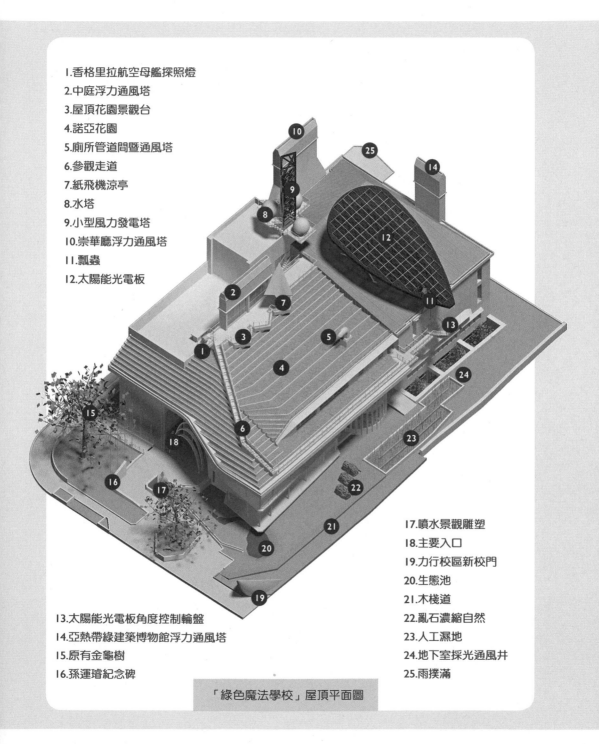

1. 香格里拉航空母艦探照燈
2. 中庭浮力通風塔
3. 屋頂花園景觀台
4. 諾亞花園
5. 廁所管道間暨通風塔
6. 參觀走道
7. 紙飛機涼亭
8. 水塔
9. 小型風力發電塔
10. 崇華廳浮力通風塔
11. 瓢蟲
12. 太陽能光電板

13. 太陽能光電板角度控制輪盤
14. 亞熱帶綠建築博物館浮力通風塔
15. 原有金龜樹
16. 孫運璿紀念碑

17. 噴水景觀雕塑
18. 主要入口
19. 力行校區新校門
20. 生態池
21. 木棧道
22. 亂石濃縮自然
23. 人工濕地
24. 地下室採光通風井
25. 雨撲滿

「綠色魔法學校」屋頂平面圖

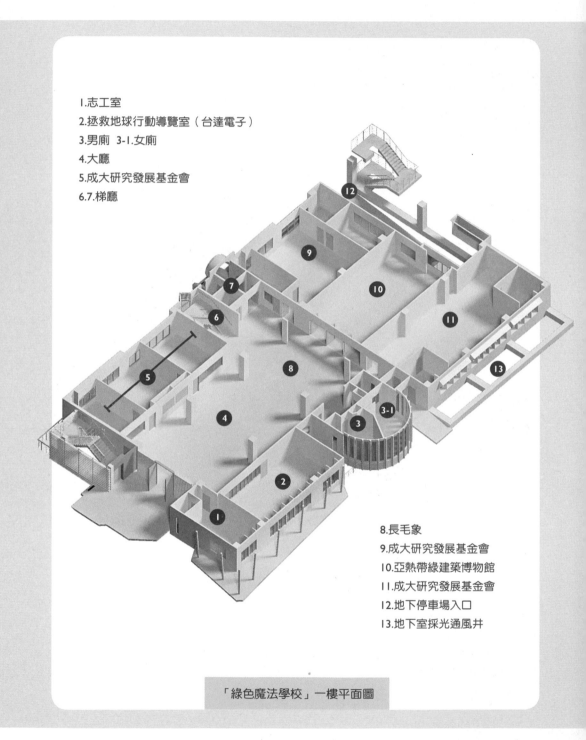

1.志工室
2.拯救地球行動導覽室（台達電子）
3.男廁　3-1.女廁
4.大廳
5.成大研究發展基金會
6.7.梯廳

8.長毛象
9.成大研究發展基金會
10.亞熱帶綠建築博物館
11.成大研究發展基金會
12.地下停車場入口
13.地下室採光通風井

「綠色魔法學校」一樓平面圖

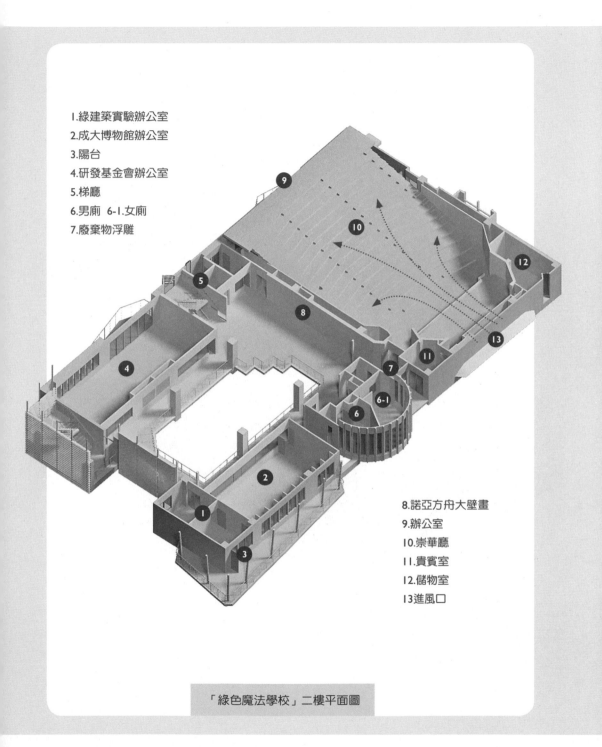

1.綠建築實驗辦公室

2.成大博物館辦公室

3.陽台

4.研發基金會辦公室

5.梯廳

6.男廁　6-1.女廁

7.廢棄物浮雕

8.諾亞方舟大壁畫

9.辦公室

10.崇華廳

11.貴賓室

12.儲物室

13進風口

「綠色魔法學校」二樓平面圖

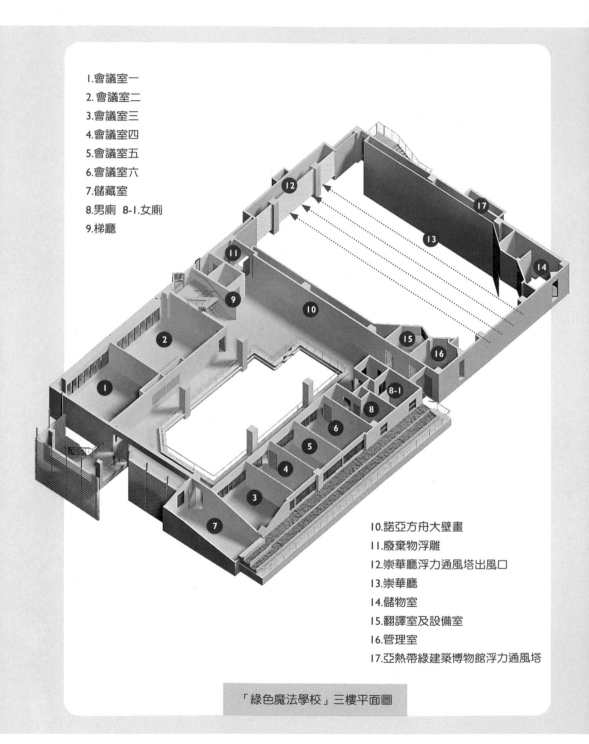

1.會議室一
2.會議室二
3.會議室三
4.會議室四
5.會議室五
6.會議室六
7.儲藏室
8.男廁　8-1.女廁
9.梯廳

10.諾亞方舟大壁畫
11.廢棄物浮雕
12.崇華廳浮力通風塔出風口
13.崇華廳
14.儲物室
15.翻譯室及設備室
16.管理室
17.亞熱帶綠建築博物館浮力通風塔

「綠色魔法學校」三樓平面圖

以文藝復興式軍醫院古蹟特色，外加葉片光電板為造型第一次草圖

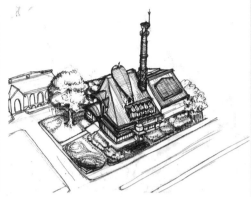

以浮力通風塔、天窗晝光控制為造型第二次草圖

設有五間能源實驗小屋與屋頂花園的第三次草圖

「綠色魔法學校」從空中俯瞰示意圖

「綠色魔法學校」完成實景

我在中國北京演講此案時，一位德國教授說這種CFD模擬在德國約需花費台幣一百萬元才能完成，但我們卻是完全免費服務的，只是學校給了幾萬元的材料費，進行了縮尺模型實驗，印證了浮力通風的效率。

我們的團隊另外在2007年就提前進行一個生態、耐旱、節水、節能的野生花園實驗。此團隊的主角是台大園藝系出身的林怡君講師，她找來十數種台灣特有本土種、馴化種的耐旱小灌木，在其任教的輔英科技大學某棟大樓的屋頂上，架起氣象設備與熱流偵測儀器，進行屋頂熱傳、澆灌頻率、植物成長量、土壤保水的實驗。這實驗論文獲得國際SCI期刊的肯定，讓我們確認了選用美觀、耐旱又少維護的野生園藝法，同時也讓我們發明了一種容易搬運的組合型植栽盆系統，最後並應用在「綠色魔法學校」的屋頂上，完成了國內園藝史上一個最生態、最環保的屋頂花園。

另外，針對此大樓在變頻空調、能源管理、再生能源、CO_2減量、空氣品質上，我們也陸續投入精密的模擬分析與實驗印證，同時也申請到「能源國家型計畫」的支持，預計在2010～2011年針對此大樓的「冷陰極管照明」與「空調與吊扇並用系統」進行節能實測解析。

前前後後，一共完成了數十種最尖端的綠建築技術實驗，幾乎網羅了建築「光、熱、風」的研究領域，創下了以設計為導向的科學研究典範。

什麼是流體動力學分析？

CFD是Computational Fluid Dynamics的簡稱，亦即流體動力學分析之意，它常被用來模擬氣流、水流、熱流之行為，在航空、機械、造船、氣象上應用甚廣。在建築物理上，CFD是一種強有力的通風模擬工具，尤其在計算機功能快速發展下更成為受歡迎的通風評估技術。它是建立於一些流動基本數學模型（質量守恆、動量守恆、能量守恆等原則）下的數值模擬方法，能以最經濟有效的方式將風場視覺化，以便事先預測通風的效果，甚至用此模擬來修正風場環境設計，以達到最佳的通風設計。

建築通風行為是很複雜又高深的學問，簡單的通風原理雖然與一般人的簡單經驗法則沒兩樣，但複雜的通風環境卻連專家也很難預測。雖然CFD可幫助通風設計，但它究竟是一種建立在諸多假設條件下的數學模擬，其模擬結果的信賴度有賴於對風場行為的真正專業能力與累積經驗，假如在CFD操作中有偏差的假設與不成熟的判斷，均可能產生一些南轅北轍的結果。為了防止CFD模擬的偏差，有時還需以縮尺模型在風洞、煙流或水桌實驗來印證其準確性。例如，「綠色魔法學校」的通風塔設計除了CFD模擬之外，還做了模型實驗與現場完工後的實測比對分析才能安心。

徵求「綠色科技伙伴」來認捐

負責「綠色魔法學校」的石昭永建築師，是一個美學與工程造詣兼備的天才，但為了配合我這急驚風的指導教授，他事事必須禮讓我三分、遷就我的設計，同時必須安撫同仁忍受我的逼迫，並從旁解決細部設計與工程實務。他指派來與我配合的設計師尤其可憐，因為我是一個沒有假日、沒有晚上的工作狂，不斷修改草圖，又要求做好每一細部。

記得2007年的暑假，我赴西班牙開會的十天旅途之中，天天帶

著草圖本，想著「綠色魔法學校」，不停畫透視、修改細部，回來後就交給他們一疊草圖，要求立即執行。我想他們一定視我如猛虎，真的有點對不起他們。不過後來他們大概也能體諒我著迷的心情，也理解我堅持科學專業與美學藝術的態度，最後當大家看到美麗的「綠色魔法學校」誕生以後，都覺得與有榮焉。

捐款給公家機關蓋大樓，是一種手續繁雜且深具風險的事；幫學校設計建築也是一種吃力不討好的工作，因為所有設計、施工、監造都必須依據採購法，以最低標來處理，所有建材與設備都可能買到最低品質的東西，再好的綠建築創意、再優良的節能設備，均可能因採購制度而泡湯。

我深怕成大蓋出一棟爛東西，難以向鄭董與社會交代，因此我想出一種絕招，把其中無法以採購法處理的綠色科技與高效率產品，對外徵求「綠色科技伙伴」來認捐，終於彌補了所有的缺憾。

令人感動地，成大新聞中心發布徵求「綠色科技伙伴」消息之後，立刻引來三十四位熱心的企業伙伴熱情相挺，提供了大約相當於二千萬元的綠色科技，加上原有一億六千萬，一共一億八千萬元，讓我們實現理想，打造出這艘最高品質的「諾亞方舟」。

打造最高品質的諾亞方舟

「綠色魔法學校」被譽為「諾亞方舟」，是呼應環保名著《世界又熱、又平、又擠》作者佛里曼所提：「我們

1. 航空母艦「香格里拉號」的探照燈，讓「綠色魔法學校」增添歷史意義

2. 以日本商船輪盤作為調節太陽能光電板角度的控制器

3. 葉片狀的太陽能光電板，像是「綠色魔法學校」的飛船船舵

海盜船的造型
是作為調節太
陽能光電板角
度的控制台

需要一百萬個諾亞，一百萬艘方舟，才能拯救這時代的全部物種。」因此，把大量「船」的印象貫徹於此設計中。

首先，將「綠色魔法學校」的外觀，打造成一艘星際大戰的飛船，飛船屋頂上有一面葉狀活動式太陽能光電板，像是此飛船的舵。屋頂的通風塔被做成像是附有煙囪的輪機指揮艙，所有欄杆、扶手、陽台也被做成艦艇的感覺。我甚至去舊船貨店買來一個日本商船的大輪盤，做為調節太陽能光電板角度的控制器，然後把控制輪盤的平台做成一艘「神鬼奇航」海盜船的樣子，好讓民眾爭相來此拍照留念。

這飛船帶有一片像「拿破崙軍帽」的屋面，很壯觀。由於屋面深邃的遮陽設計，可擋掉大部分進入室內的直接日射，也減少許多空調耗電。這「拿破崙軍帽」屋頂被做成階梯狀花園，花園上種滿由台灣各地特選的景天科耐旱植物，強烈顯現出自然生態與現代科技的對比。

這點點滴滴的造型與細部絕非無中生有的累贅裝飾，而是深具遮陽、遮雨、導風、生態、視覺上的科學機能，因為我堅信綠建築必須是優雅美麗的，但絕不允許無謂的資源浪費。我希望這是一艘經濟實惠、可拯救全人類的「諾亞方舟」，而不是電影「2012年」中需要十億歐元的船票，才能搭上的貴族式方舟。

「亞熱帶綠建築博物館」的藝術饗宴

　　　樓的「亞熱帶綠建築博物館」，也被設計成海盜船船艙的感覺，船艙正中放置了一艘雕刻精美，充滿紅、白、黑等圖騰相間的達悟族傳統捕魚船，那是特別聘請達悟族工匠陳碧蓮先生精心打造的。

展示世界民居智慧的達悟族傳統捕魚船

達悟族拼板舟雕
刻工匠陳碧蓮先
生（左）和他的
兒子

陳碧蓮以傳承達悟族文化為己任，在蘭嶼島山上砍下一棵從小種植四十多年的龍眼木，以半年時間打造了這艘美麗的兩人座捕魚船，並親自押送到台南來。如今，捕魚船在博物館內載著一座愛斯基摩人的冰屋（Igloo）與一座中亞兩河匯流口沼澤地的馬丹族（Madan）風土民居模型，以及畫有世界各地傳統民居的十六個「內畫鼻煙壺」（見第53頁），展示著過去人類與大自然和平共存的智慧。

「亞熱帶綠建築博物館」是一間十分另類的博物館，因為它是全球唯一展現亞洲人熱帶、亞熱帶觀點的綠建築展示。它以「熱濕氣候的挑戰」、「颱風與通風的挑戰」、「旱澇的挑戰」、「能源匱乏的挑戰」、「生命週期的挑戰」等主題來凸顯亞熱帶的綠建築挑戰。

這是顛覆世俗的展覽，因為世界各國既有的綠建築評估系統（見第50頁）大部分以歐美寒帶國家系統為馬首是瞻，只有台灣的EEWH系統是獨自發展，且為第一個適用於亞熱帶的綠建築評估系統。

許多亞洲國家過分迷信歐美建築理論，當地官員與企業常不顧當地氣候與技術現實，一味追求LEED（美國）、BREAM（英國）等歐美名牌綠建築認證，讓綠建築變成昂貴的設備採購，這是發展中國家環保之痛。「亞熱帶綠建築博物館」就是以真正亞熱帶的綠建築需求，來端正非歐美國家綠建築發展迷思的另類博物館。

全球唯一以熱帶及亞熱帶觀點展示
的「亞熱帶綠建築博物館」

世界綠建築評估系統的發展概況

「綠建築」在日本稱為「環境共生建築」,有些歐美國家稱為「生態建築」、「永續建築」,在美洲、澳洲、東亞國家,以及北美國家則多稱為「綠色建築」。

全球第一部綠建築評估系統BREEAM,在1990年首先由英國建築研究所BRE提出,此方法後來影響了1996年美國的LEED、1998年加拿大的GBTool等評估法。台灣的綠建築評估系統EEWH,是亞洲的一匹黑馬,也是全球第四個上路的系統,根據1995年的節能法規出發,在1999年正式成為國家推動的政策。此後,日本的「建築物綜合環境性能評估系統CASBEE」,以周全的環境效率為指標,正式啟動於2002年。2006年,中國建設部則以節地、節能、節水、節材為目標,公布了「綠色建築評價標準」,成為新興工業國家建築環保的示範。

2000年以後,可說是全球綠建築評估體系發展的顛峰,像德國的LNB、澳洲的NABERS、挪威的Eco Profile、法國的ESCALE、韓國的KGBC、香港的HK-BREEAM與CEPAS,都相繼成立。到了2009年,全球的綠建築評估系統已達26個。其中有些系統,像LEED、CASBEE、BREEAM、EEWH,已繼續擴大其適用範圍,並發展出不同建築類型的專用版,甚至提出舊有建築物、生態社區的評估版本,有些甚至已變成國家公共建設必要的規範。在地球環境危機的威脅下,在短短二十年中,綠建築評估工具(GB Tool)在全世界已呈現百花齊放、爭奇鬥豔之勢。

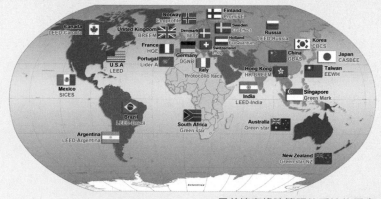

目前擁有綠建築評估系統的國家

以「平價綠建築」自許，推廣環保觀念

為了與國際接軌，「綠色魔法學校」已超出美國冷凍空調協會ASHRAE節能標準46%的水準，取得最高的LEED白金級認證，成為台灣第一個LEED白金級綠建築案例。雖然媒體與長官都以此為傲，但我們並不以此為宣傳，因為我們自信「綠色魔法學校」的水準是遠超出LEED要求的，而且已達成不可能的「零碳」任務。事實上，歐美的綠建築系統太迷信設備科技，常鼓勵購買昂貴的節能控制設備來節能，甚至鼓勵採購一些不需要的綠色產品，這對地球環境並非十分有益，我們並不鼓勵此方向。「綠色魔法學校」以高超的學術研究，以最平凡的造價，取得台灣EEWH系統最高鑽石等級的評估，這才是值得推廣的「平價綠建築」。

這「平價綠建築」的精神正是「亞熱帶綠建築博物館」的展覽主題，希望能藉此匡正一些盲從歐美物質主義、沈淪於物慾享受的綠建築迷思。戈巴契夫在一次訪談中說：「工業國家的人就像鐵達尼號（Titanic）郵輪上的乘客，當郵輪下沈時，就將椅子從下層甲板往上一層搬。」迷信綠色商機而不顧地球環境危機的人，就是這些乘客的寫照。一味鼓勵綠色採購，不要求建設減量、設備減量、裝潢減量的綠建築迷思，終會像鐵達尼號郵輪般沈入大海。

作為地球環保教育的第一線，在「亞熱帶綠建築博物館」的入口設計了一面象徵環境破壞的寶特瓶、鋁罐、電腦零件等廢棄物的垃圾牆，在垃圾牆中展出十二個畫有地球暖化、森林破壞、臭氧層破洞、基因改造危機、農藥污染等等恐怖而精美繪畫的「內畫鼻煙壺」。這些藝術品，連同上述繪著世界民居的十六個「內畫鼻煙壺」，是中國河北衡水孟德浩、王國新、王

1. 描繪瀕臨滅絕北極熊的內畫

2. 描繪地球缺水危機的內畫

3. 描繪美國西南平原印地安帳棚民居的內畫

4. 描繪蘇拉威西島(Sulawesi)的托拉加族(Toraia)族民居的內畫

「內畫鼻煙壺」表現綜合藝術之美

鼻煙是一種特製的煙草，是在研磨極細的優質煙草中，加入麝香等名貴香辛藥材，並在密封的蠟丸中陳化數年至數十年而成，具有明目、提神、辟疫、活血之功效。鼻煙由美洲經呂宋，在十六世紀末流傳至中國福建，再經葡萄牙、西班牙的海員、商人、傳教士經由菲律賓傳入日本沿海，後來日本的煙葉經由朝鮮傳到中國的東北地區，俄國商人也將煙草、鼻煙、鼻煙盒帶入中國的東北和內蒙，特別是在滿族、蒙族地區興起吸聞鼻煙的習俗。

「內畫鼻煙壺」就是內部畫有繪畫的鼻煙壺。內畫藝術是將畫繪製於鼻煙壺內部的藝術，它是相對於一般將畫繪製於物體表面的「外畫」而出現的相對名詞。鼻煙在清代嘉慶道光年間傳入中國後，鼻煙壺已經成為令人如癡如醉的工藝，在清代嘉慶道光年間開始發展出嶄新的內畫鼻煙壺藝術，如今更不斷發揚光大。

內畫鼻煙壺要選用質地透明的材料，例如水晶、玻璃、茶晶、瑪瑙等。內畫藝術家們用特製的鉤筆，在口小如豆的瓶內反手內繪精妙入微的畫面，製作者必須熟練地掌握反畫技術。在鼻煙壺內小小的天地裡，一切都必須反著進行，可謂鬼斧神工。

內畫鼻煙壺藝術是集書法、繪畫、選材和雕琢於一身的綜合藝術表現，任何一方面的欠缺都將成為「殘次品」，堪稱為集中國工藝美術大成的袖珍藝術。

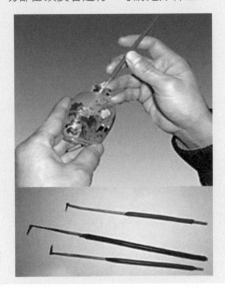

以金屬杆鉤筆作畫的內畫鼻煙壺

紅衛等三位內畫大師，耗時一年所畫的環境藝術教材（見第53頁）。

之所以引進「內畫鼻煙壺」，是希望觀眾有如欣賞故宮寶物般，以釐米級的藝術眼光來領悟地球環境危機的震撼與傳統民居的智慧。「綠色魔法學校」所有展示，盡是一些精心策劃的藝術饗宴，包括許多由內政部建築研究所贊助的建築模型、圖片、電視牆的精采展示，還有一些現場實驗解說，都是一些老少咸宜、深入淺出的綠色科技成就。這地球環保與綠建築的另類博物館，將有專業訓練的志工在此負責解說導覽，歡迎中小學生、社會人士、建築專業者等所有民眾來參觀。

諾亞方舟大壁畫，記取八八水災教訓

尤其引人注目的是，一座以「八八水災」漂流木打造的「諾亞方舟大壁畫」，也出現在「綠色魔法學校」的中庭。這幅橫跨「綠色魔法學校」中庭二、三樓牆面，高15公尺、寬20公尺，面積約200平方公尺的「諾亞方舟大壁畫」，為國內以廢棄物創作的最大壁畫。它以大面漂流木木板為底，雕刻山獅子、老虎、長頸鹿、猴子、犀牛、鴕鳥等集合在方舟船艙內的動物。這艘「諾亞方舟」載著這群雌雄成對的可愛動物，亦即保護著延續地球生命的多樣化生物基因，但願能渡過即將來臨的地球大洪水。

這幅以漂流木、原住民、諾亞方舟所構成的大壁畫，是由關懷弱勢、保存台灣在地文化的樹谷文化基金會，捐贈給成功大學的禮物。該基金會董雅坋董事長，在2009年底參觀「綠色魔法學校」之後，深感地球環保教育的重責大任，特別希望藉由

發生於2009年的「八八水災」，重創南台灣

「山地門文化工藝勞動合作社」的原住民工匠製作「諾亞方舟大壁畫」留影

「諾亞方舟大壁畫」使用漂流木作為雕刻素材

會議室 (1.2)
Conference Room (1.2)

崇華廳
Chung Hwa Hall

「諾亞方舟大壁畫」的
非洲象雕刻非常吸引人

2009年中「八八水災」的教訓，來創作一幅深具環保教育的藝術壁畫。她禮聘為這「諾亞方舟大壁畫」操刀的，正是由拉夫拉斯・馬帝靈所帶領的「山地門文化工藝勞動合作社」（見第58頁）的一群排灣族藝術家。排灣族在台灣原住民中以木雕聞名，尤其在建築門楣上的百步蛇雕刻是其特色。

台灣原住民認為：土地是母親，森林是父親，但現代人類卻為了滿足無窮盡的私慾而對父母施暴。篤信基督教的他們，相信人類的貪婪將引發大自然的反撲，果然「八八水災」引來山林變色，漂流木擠遍了河川、農田和海岸線，應驗了上帝的懲罰。以排灣族傳統的凹雕方式，一刀一痕地雕出這氣勢非凡的「諾亞方舟大壁畫」，正告誡著世人要徹底反省，提早因應即將來臨的地球大災難。

這些大型漂流木，大多為山老鼠砍下的櫸木、檜木、衫木、黃連木、牛樟，每次颱風來襲，有如被屠殺後再被洪水沖到河邊、海上、田裡的大自然屍體，但「諾亞方舟大壁畫」讓這些屍體重生，讓大地父母的神靈降臨於此。漂流木就像原住民災後的心，在河裡、在海上漂流著。現在，他們要重建家園，撿起漂流木雕出對大地的真愛，也把信心重拾起來。漂流木雕成的「諾亞方舟大壁畫」，不止刻畫著貪婪台灣的教訓，也敲響著人類文明滅絕的警鐘。

原住民工藝家齊心推廣在地文化
──山地門文化工藝勞動合作社

「山地門文化工藝勞動合作社」成立於2002年，稟持著原住民分工、分享的精神，努力創造更高貴的原住民藝術生活。當初成立之宗旨，就是為了留存原住民文化傳承，透過歷史的回顧觀點、文物保存、傳統視覺印象與創新文化的交叉呈現，重建原住民族自尊心，提升向心力與凝聚力。

該合作社組織並整合了在地資源與各有專長的工藝家，向外推動原住民傳統與創新的文化表現，將原住民瑰麗的文化特色與

豐富的人文資產，透過精緻包裝與整體行銷，讓更多人欣賞、了解。現在該合作社已成為原住民工藝創作品及文化商品最有力量的對外行銷窗口，其承攬範圍包括原住民文化、工藝、美食、園景之規劃設計工程，以及土木建築工程、解說服務、歌舞表演等等。

「諾亞方舟大壁畫」的製作情景

「逸仙艦」的絞纜器，見證歷史滄桑

為了保持「綠色魔法學校」的整體美，我們把基地前校門旁的一座很醜的變電站拆掉，把變電設備移入「綠色魔法學校」的地下室，同時將變電站原地設計成一座流線方舟造型的校門，這美麗方舟的背面，是一片立體綠化的灌木牆，正面刻著「力行校區」名稱，船頭懸掛著一座我去高雄拆船古董店買來的商船大海錨。船頭旁邊廣場，放置兩座由上海江南造船廠在1931年建造的「逸仙艦」上拆下來的絞纜器，尤其引人遐思。

流線方舟造型的校門，正面刻著「力行校區」

方舟造型的校門船頭，懸掛著一座古董商船大海錨

「逸仙艦」，是中華民國海軍自行建造的一艘大型炮艦，排水量1,560噸，裝備HIH公司生產的150公尺前主炮一門，140公尺後主炮一門，76公尺高平兩用炮塔四座，當時戰鬥力僅次於甯海、平海兩艘巡洋艦，排名第三。然而不幸在1937年9月25日被日軍擊沈，後來又被日軍打撈上來整修，並拖回日本做為潛水艦學校的練習艦，改名為「阿多田」。

二次大戰日本戰敗後，本艦被盟軍接管，直到1946年8月9日自日本吳港駛回上海，並回復舊名「逸仙艦」。「逸仙艦」曾參加國共內戰之葫蘆島一役，來台後亦曾多次參與台海巡弋，1958年6月1日除役，然後於1959年5月19日以2,682,500元標售予拆船商。這兩座絞纜器就是由此拆船商流出，立於「綠色魔法學校」之前，彷彿見證了這滄桑的歷史。

航空母艦探照燈相挺，光明就在不遠處

更令人振奮的是，益菱工業公司捐獻了美國航空母艦「香格里拉號」的一座探照燈，放置於船形屋頂的最上方，讓「綠色魔法學校」看來像是一艘不沈的航空母艦。建於1943年的「香格里拉號」，排水量29,868噸、艦長274公尺、可載45架轟炸機與16～18架直昇機，在二次大戰間曾重創38艘日本軍艦，具有輝煌的戰績。

這一座在高雄愛河旁的古董店購得的巨型探照燈，高175公分，是可調光、可發信號的碳精弧光燈，附有摩斯電報機，是當年號稱「拆船王國——台灣」的龍慶鋼鐵公司，1989年於高雄大仁拆船碼頭，解體自「香格里拉號」的美麗珍貴古董。有了航空母艦探照燈的加持，真希望「綠色魔法學校」可以完成拯救

1/700 ROC CL Yat Se

1.2.「逸仙艦」歷史照片

3.「逸仙艦」的兩座絞纜器

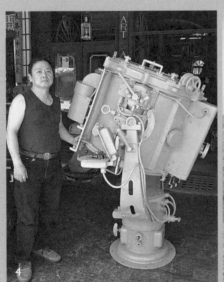

4.航空母艦「香格里拉號」的探照燈

5.6.航空母艦「香格里拉號」歷史照片

地球的任務。

由於上述種種消息，讓「諾亞方舟」未動工之前已引起騷動，因為媒體對於它童話般的造型充滿好奇。在2008年底，只憑媒體披露的一張透視圖，網路上已經出現熱烈討論的文章。許多討論已出現一些網路上：裝一個葉子就是綠建築嗎？像一滴眼淚的太陽光電板，算是太陽光電與建築結合應用嗎？那片葉子上為何有一隻瓢蟲？這葉子為何不採自動追日系統？如果我在學校做出一個葉子的造型一定被老師打死？這風力發電塔破壞周圍的風水等等褒貶不一的討論，「諾亞方舟」顯然已蔚為話題。

事實上，這些褒貶並不影響我們的信心，因為「諾亞方舟」的目標並不在於綠建築而已，節能65％、鑽石級標章的加持也不是重點，我們的任務在於喚醒實際的環保草根行動，因為地球沒了，什麼皆不用談。鄭董的捐款行動只是開始，「綠色魔法學校」只是媒介，我們必須在每個人的心中打造一艘不沈的「諾亞方舟」才行。

【　綠　建　築　‧　綠　觀　念　】　小　索　引

I.平價綠建築
歐美的綠建築評估系統太迷信設備科技，常鼓勵人購買昂貴的節能控制設備來節能，甚至鼓勵採購一些不需要的綠色產品，這對地球環境並非十分有益，並不值得鼓勵。「綠色魔法學校」以嚴謹的學術研究，打造最經濟實惠、健康舒適的居住環境，這才是值得推廣的「平價綠建築」。

行政流程順暢會更好！

故事發展過程有一段插曲，那就是鄭董事長捐一億元給成大，卻不能主導他想達成的綠建築理念，因為捐錢給學校就變成國庫的錢，國庫蓋的工程就是公共工程，凡事就得按採購法來走，誰也不能指定建築師與營造廠，工程就須以最低標來發包施工。然而，這可能找到一位沒設計能力的建築師，並引來不良營造廠來低價搶標，也可能讓此建築物變成低品質的醜陋建築，根本無法保證綠建築的實現。

成大總務處的同仁都是一些克盡職守的好公務員，從頭至尾也都一直極力幫忙此案，但在國家體制下，誰也不能禁止他人來搶標，誰也不能保證工程品質。在守法的前提下，並期待能符合鄭董的期待，我與石昭永建築師必須加倍努力，做一個很好的方案去參加競圖。

還好，專業評審團隊選中了我們的團隊，同時半年後，在我們嚴格的規範設計與估價把關下，也評選出一個很負責任的營造廠，讓本案得以順利如期如質完工。不過，由捐款到發包，行政程序走了兩年，真是一個冗長的等待。

另外，有件令我擔心的事，就是此案必須通過建築系、規劃學院、校園規劃委員會、校務會議、台南市都委會、建管單位等層層關卡的審核。這些審查委員因為隔行如隔山，常提出不合理要求而扭曲了設計的原創性，還有些委員並不理解這設計在科學上的必然性，尤其誤以為綠建築非得有晶瑩剔透、閃閃發亮的外觀不可，甚至要求高科技的外表與大玻璃造型，但這些都是歐美建築時尚的偏見，根本與亞熱帶風土或永續環境的原則背道而馳，因此我們承受空前的壓力。

因為頂著台達電子鄭董捐款的名號，挾著台達電子南科廠的成功光環，同時因為我們一直提出科學實驗與成本效益分析，最後感謝這些委員理解我們的專業，讓我們的理想過關了。

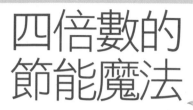

四倍數的
節能魔法

「綠色魔法學校」最引以為傲，就是端出「四倍數」，甚至是「十倍數」的環境效益。一開始，只敢以40％為節能目標，但多次反覆修改後，發現可達到節能65％、減少碳足跡52％，邁向「零碳」，簡直是世界級的建築奇蹟。這次「平價綠建築」的成就，帶給我們一種啟示，就是「源頭減量勝於末端控制」、「越自然的技術效益越好」的原理。

03

必展現傲人的環境效益

取名「綠色魔法學校」，是打響此案的伎倆，因為托「哈利波特」之盛名，就足以吸引媒體的注目，同時也可引起小朋友的興趣，在宣傳上很有噱頭。尤其在2009年，探索（Discovery）頻道選中本案作為報導台灣綠建築發展的代表，持續三個月追蹤拍攝本工程一連串的綠建築實驗研究，並於2010年3月27日首播，引起國際注目，有日本、馬來西亞與越南的朋友來電說看到此報導，感到十分欽佩。這報導也引來一連串媒體的追逐採訪，這是讓綠建築更平民化、更生活化的絕招。我希望綠建築是人人看得懂、買得起的一般工藝，而不是一些高不可攀的昂貴科技。

事實上，一般人對綠建築充滿誤解。有人把綠建築當成太陽光電或通訊產業的智慧建築，也有人把綠建築當成「採菊東籬下，悠然見南山」的休閒別墅；有人認為綠建築是更貴的，也有人認為綠建築是高科技的，但這些均非綠建築的正途。

把綠建築聯想成高科技，就是戴維森（Davidson）在《GNP是不能吃的》（You Can't Eat GNP）一書中，所提當前經濟學與科技理論中妄想「高科技終會拯救人類」的誤謬；而把綠建築當成隱居別墅，只能獨善其身，但缺乏社會正義，不值得鼓勵。

假如我們不認真思考「石油只剩40年、天然氣只剩65年」的真相，根本無法體會人類文明所剩無幾的恐怖，也無法產生正確而有效的環保行動。如今地球每秒鐘有1人餓死，每分鐘有30公頃的雨林遭到破壞，每小時有1種動物物種滅絕，每天有60種植物物種滅絕，每星期有超出5億公噸的溫室氣體排放到大氣，每個月沙漠延展50萬公頃，每年臭氧層變薄1％。

做資源回收、買省電產品或隨手關關燈，只是湊熱鬧的環保行動，根本對抗不了毀滅性的環境危機。「綠色魔法學校」如果端不出「四倍數」，甚至是「十倍數」的環境效益，也不值得驕傲。「四倍數」就是暢銷書作者懷茲札克（Weizsäcker）所稱「資源減半、效率加倍」的智慧，一直是我念茲在茲的理想。事實上，「四倍數」的魔法到處存在，只是我們常視而不見。

魔法 1：不花一毛錢，減少空調設備四成

「節能」是台灣綠建築EEWH系統四大範疇中最重要範疇，其中「空調節能」通常被認為是最複雜困難之關鍵，但「綠色魔法學校」在此卻有最精采的演出。現在的建築空調工程，到處存在嚴重超量設計與投資浪費的情形，只要我們發揮工程專業，認真設計把關，可不花一毛錢而減少四成以上的設備量，並減少兩成以上的耗能量。

以我審查台灣綠建築案件十多年的經驗，發現大部分案例的空調主機均有超量設計四成以上的情形，甚至也有三倍以上超量設計的案例。例如，我服務的建築系階梯教室，過去採用一台20冷凍噸的往復式空調冰水主機運轉了二十年，最近我把它改成一台5冷凍噸的分離式冷氣機還游刃有餘，可見它超量設計四倍以上。又如，我曾在嘉義看到一家公立醫院採用了四台大冰水主機，但好幾年來只使用一台運轉，從來沒有使用過第二台，可見其超量設計也是四倍以上。

超量設計的原因，部分是建築規劃不良所引起的，例如建築空間複雜、空調分區不良、系統效率不良；也有因為專業能力不足所引起的，例如對空調負荷預測、系統設計、監控的經驗不

綠建築的耐久化設計

根據歐美的住宅統計，歐美的住宅平均壽命至少在八十年以上，甚至在英國更長達百年以上，但東亞國家新建住宅的平均壽命約在三十至四十年之間而已，尚不及歐美住宅壽命的二分之一。耐久化設計是在綠建築理論上一項很重要的要求，假如蓋好就拆，拆了再蓋，沒有長壽耐久的建築，那談論綠建築有何用？

建築物的耐久化設計，最有效的方法在於採用耐久性（durability）、維修性（maintainability）等兩項對策。「綠色魔法學校」的「耐久性設計」，耐震強度高於基準20%，混凝土強度高於一般水準40%，樓板厚度由15cm增為20cm，如此約可提升建築物壽命一倍以上。「綠色魔法學校」的「維修性設計」，對所有水管、電管、通信管、瓦斯管、消防管等設備均採用「明管設計」。由於設備管路的壽命通常只有十五年，而建築體的耐久性可長達八十年，因此建築的一生之中必須更換管路三、五次，假如沒有採用「明管設計」，則必須敲挖結構體來更換管路而傷及建築壽命，因此只要把現行許多埋設於RC柱樑樓板內之管路明管化，對於延長建築物壽命就有很大幫助。

設備管路的「維修性設計」除了要求空調、水電、電器通信等線路的明管設計之外，也提醒屋頂防水層的維修設計。屋頂防水層結構是建築壽命最關鍵的部位，但現行一般大樓常將空調戶外機、預鑄水箱、廣告架、冷卻塔、變電設備等大型設備直接安裝於屋頂防水層上，常常造成死角多、清潔不易的情形，在設備改裝時也常破壞屋頂防水層而漏水。「綠色魔法學校」將屋頂層所有設備設施設計成鋼架懸空結構體，日後這些清潔、維修、更新頻繁的作業可與屋頂分離，以保護屋頂結構與防水層。這種耐久化設計，顯然可增加一些建築物的壽命，少用一點地球資源，少製造一點廢棄物。

「綠色魔法學校」均採明管設計，位於屋頂層的設備也以鋼架懸空架高，避免破壞防水層

足；但也有些是故意超量設計並從中謀取酬金之現象。事實上，要防止此種浪費並不需要花錢，只要嚴格要求空調熱負荷計算，進行設計品質把關即可。

我是學空調能源解析出身的人，我剛回國時，非常驚訝於國內的空調設計竟然毫無空調負荷計算，就胡亂進行主機、水泵、風機、風管的設計，難怪有嚴重超量設計與浪費能源的情形。我的博士生王育忠冷凍空調技師，是一個冷凍空調工程實務經驗二十多年的工程師，他坦白告訴我說：「我們空調業界早期從不做空調負荷計算，只草率地使用約4坪或5坪一噸粗略計算，來決定空調主機的容量，直到內政部在綠建築標章要求空調負荷計算之後，空調業界才開始認真做空調設計。」空調業界過去的超量設計，真是不堪回首。

王育忠技師是「綠色魔法學校」空調節能的大功臣，對「崇華廳」與辦公室進行嚴格的空調分區，選用最高效率主機，同時進行動態空調熱負荷解析，並進行能源節能管理運轉。如此設計，我們至少比過去一般中央空調設計減少了約兩成的設備量，省下不少錢。再加上並沒有採用昂貴的金屬帷幕與低輻射玻璃（Low-E glass）設計，總共省下約兩成以上的總工程經費。

我們把省下的錢，在空調設備上使用了世界最高效率的直流變頻離心冰水主機（COP＝8.0，部分負載性能IPLV=0.43KW/RT）與變頻壓縮機變冷媒流量空調系統（COP＝4.1），同時也加入空調箱變風量系統、冰水泵變水量系統、二氧化碳濃度外氣量控制系統、全熱交換器系統，以及建築能源管理系統BEMS。王育忠技師所發展的BEMS，可以隨時紀錄、分析、監控所有耗能的動態行為，是智慧型節能管理的典範。這些高效率機器比一般貴四成，但我們在設計上已省下很多錢可彌補此差額，況且

1.入口門廳雕刻的泛光照明浪漫又美麗

2.崇華廳的二次反射照明光線柔和又充足

3.崇華廳所有的照明設備都非常易於維修

中庭的側牆自然採光與夜間陶瓷複金屬燈照明,採用天花板擴散反射方式,光線柔和、氣氛優美

它可節省五成以上的空調耗電量，而且往後幾十年都能為業主省很多電費。

魔法 2：不花一毛錢，照明節能省四成

台灣一般的照明設計常是低效率又超量設計的，非常浪費能源。事實上，選對光源即為照明節能的第一步。例如「綠色魔法學校」周遭的路燈，採用台達電子捐贈80W的LED路燈，就可以替代250W的傳統水銀燈。但許多人，甚至專業的建築師，連最基本的「光源效率」都搞不懂（見第74頁），其中最荒唐的認知，誤以為「省電燈泡」是省電的。事實上「省電燈泡」是螢光燈的一種，它只比鎢絲燈泡省一點電而已，比現在大量普及的PL燈、日光燈或T5燈管都耗電，但許多人卻受「省電燈泡」之騙。

「綠色魔法學校」照明節能的訣竅，在於辦公室採用中庭自然採光以減少公共空間照明，同時採用高效率燈具並進行照度計算以減少不必要的燈具，另外更重要的是維持最好的照明品質。例如，我們對於「崇華廳」的設計，我們事先以國際知名軟體DIALUX，針對陶瓷複金屬燈、T5螢光燈、T8螢光燈、PL螢光燈四種光源，與向上、向下照射組合的五種照明方式，進行照明品質的分析（見第76頁）。在此發現：以陶瓷複金屬燈、T5螢光燈向下照射的方式是最省電的方法，其照明密度各為5.38、6.67 w/m^2，但是以視覺健康的照明均勻分布的品質而言，卻是以陶瓷複金屬燈向下照射的方式具有最好的均齊度0.78，其照明密度為第三順位的7.0 w/m^2。

一般市面上的照明設計，甚至在國家照明規範上，通常只要求

照度是否足夠而已，很少要求均齊度（Uniformity）的品質，但高均齊度可保證均勻亮度而減少視網膜的傷害，對弱視者、年長者是較友善的照明方式，在兼顧省電與照明品質之考量下，最後我們決定採用陶瓷複金屬燈向下照射的方式。雖然此方式在模擬的五案例中並非最省電的，但因為市面上照明超量設計的情況非常嚴重，「崇華廳」的照明密度雖為7.0 w/m²，它與成功大學其他八個大型會議廳相比，平均照明密度少了25％，亦即光是選用此照明方式至少收到25％的節能效益。

我們在「崇華廳」採用堤維西公司捐贈的陶瓷複金屬燈，是因為它有95%的演色性，可讓色彩真實而鮮艷，同時其優良的反光罩設計使其發熱量很低，現場施工的專家都感到不可思議。陶瓷複金屬燈原來是超級省電的路燈，其發光效率是一般T8燈管的1.5倍，照明省電約40%，但這種大功率燈具過去很少被用於室內。我們巧妙地將它配置於「崇華廳」2公尺高的兩側牆上，然後投光於雪白的天花板面，再依靠多次反射而均勻分布於觀眾席。如此一來，天花板完全沒有燈具與電線，可省下不少配線設備，同時因為天花上無配線設備可減少電線走火而降低火災的風險。設置於側牆上的燈也很容易更新維修，可減少維護成本。由於採用多次反射的間接照明方式，可使被照射的物體立面之照度較為均

以DIALUX程式模擬「崇華廳」的二次反射照明情形

匀，因此「崇華廳」的照明氣氛非
常浪漫柔和，人們在其中猶如處於
婚紗專業攝影室一般，在裏面所拍
到的人像特別好看。

然而，最大的照明節能對策，還是
在於抑制超量設計。一般的照明設
計通常沒有嚴謹的照度計算，而有
過亮、過多的燈具設計。根據我
們的調查，許多辦公、超商、學校
的照明常有1,000lx（勒克斯）以上

以DIALUX程式模擬中庭的二次反射照明情形

的照度。我的博士生黃光祐，很巧妙地模擬「綠色魔法學校」
的照度與節能效益，把辦公室的照度維持於500lx，「崇華廳」
觀眾席的照度設為300lx，如此一來把原來建築師設計的照明密
度減少了三分之一，連同上述調光控制之節能，可得到45%的總
照明節能效益。我們把減少三分之一照明燈具所節省的設備經
費，用來支付所有的調光自動控制系統，確實達成「不花一毛
錢，照明節能省四成」的目標。

照明節能，首重光源效率

節能
綠點子

照明節能設計首重選擇高效率的光源，光源效率可從第75頁表中的
數據看出。目前最浪費的照明，在於百貨與商業建築大量使用的鹵
素燈（最耗電的一種白熾燈），因為它無頻閃、小巧玲瓏、演色性
良好、聚光性好，為許多設計師所獨鐘，但卻是效率最差的光源。

另外，所謂的「省電燈泡」，不論是球型、螺旋型、U型等，也
都無好效率，倒是一般螢光燈系列的T8、T5、冷陰極管CCFL等才
有較好的效率。總之，螢光燈管的效率，長的比短的好、直的比
彎的省電。效率最好的光源，大部分是複金屬燈或鈉氣燈，但它
們是高功率的光源，所以大部分用於戶外路燈，而少用於室內。

表 各種光源之發光效率

光源種類		效率 lm/W	光源圖示	光源種類	效率 lm/W	光源圖示
白熱燈系	白熾燈泡	7.6-21	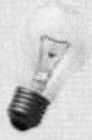	鹵素燈泡	18-20	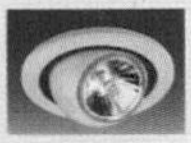
LED燈系	LED燈泡	60-90	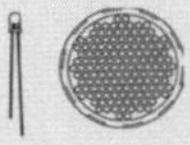	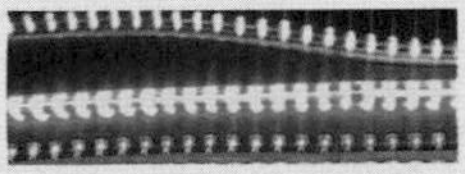		
螢光燈系	附玻璃罩緊湊型螢光燈	30-50	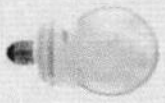	30W以上大型PL螢光燈管	70-90	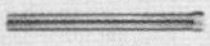
	螺旋式緊湊型螢光燈	55-60	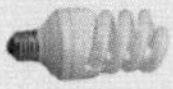	小型PL型螢光燈管	55-70	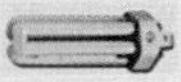
	長度未達100cm者 一般型	50-69		長度達100cm以上者 一般型	70-84	
	三波長、T5型或冷陰極管	56-80	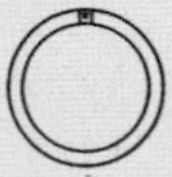	三波長、T5型或冷陰極管	85-90	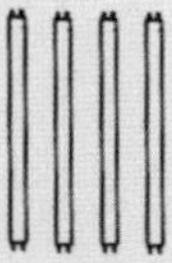
	節能標章燈管	81~		節能標章燈管	90~	
高強度放電燈系 (HID)	水銀燈	32-55	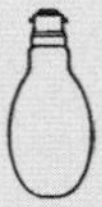	高壓鈉氣燈	90-120	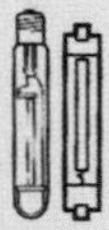
	複金屬燈、氙氣燈	70-90	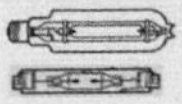	低壓鈉氣燈	0	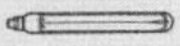

表 以DIALUX軟體進行「崇華廳」的照度與均齊度之模擬分析

燈具形式	陶瓷複金屬燈		T5螢光燈	T8螢光燈	PL螢光燈
照明方式	向下照	向上照	向下照	向下照	向下照
照明密度LPD [w/m²]	5.38	7.00	6.67	9.28	7.11
均齊度（最小照度/最大照度）	0.59	0.78	0.73	0.73	0.57
燈具配置位置					

你一定會懷疑說，這麼簡單就可以不花一毛錢，而使空調與照明都節能四成，那過去為何如此荒唐？是的，一點也沒錯，過去常花了大把的冤枉錢，買了又多、又大、又浪費的設備；或是貪圖便宜或不知情，買了低效率的設備；又或是裝了許多昂貴的控制系統。事實上，過去只是沒有專業把關而已，現在我們有了綠建築標章的監督，才讓許多妖魔鬼怪現形而已。這種毫無專業把關的設計浪費，不只存在於空調與照明的領域，在建築、結構、材料的設計上也比比皆是，只要我們以高超的專業良知嚴加把關就可以防止，根本不必多花一毛錢。

魔法3：少用大玻璃，多用遮陽

綠建築可以是更便宜的，甚至可不多花一毛錢，而收到節約地球資源四成以上的效果。然而，現在大部分的人都認為綠建築是更貴的，因為他們常迷信於一些中看不中用、昂貴又低效率的高科技產品。例如在此次的「綠色魔法學校」中，許多專家建議採用歐美最流行的雙層帷幕窗（一種中間有

通風與遮陽的雙層窗），或變色玻璃（利用電致變色材料的調光性能以反射太陽輻射）來展現高科技夢想。但我堅持便宜又低科技的技術，絕不接受這種先讓陽光曬在玻璃後，再花錢把熱量排出去的作法，我們要的是釜底抽薪、源頭減量的智慧。

很多人以為開大窗很好很酷，但英國有一項心理實驗發現：大多數人對20％的開窗率，也就是，窗面積占整體建築立面的20％，已大致心滿意足，對30％的大開窗已達心理滿足感之最高峰，而30％以上的大開窗對視覺滿足感幾乎毫無貢獻。也就是說，30％以上的開窗只是增加空調能源的浪費，對於視覺眺望之心理滿足並無助益，許多人以為全開窗之帷幕玻璃設計可提供更好的視覺開放感，恐怕是對人類環境心理的誤解罷了。

大玻璃設計是能源的大殺手，在台灣每增加1%的開窗就增加1%的空調耗電量（見第80頁）。在「綠色魔法學校」，我們先把辦公區外牆開窗率由一般的40%降為25%，光是如此，就可減少15%的空調耗電量。這不但不花錢，還因縮小窗面而省了不少錢，室內採光也非常充足。

遮陽設計是展現亞熱帶建築風格的最佳手法，它可把大量陽光阻擋於外，收到事半功倍的節能效果。「綠色魔法學校」的外遮陽設計既便宜又美麗，尤其它屋頂的大遮簷設計，形塑了「諾亞方舟」最奇特、最優美的造型，延伸了屋頂花園的展示效果，襯托出感人的生態奇觀。另外，益菱工業公司捐贈了金屬鋁百葉遮陽板，裝於西向正面的樓梯間，讓內外關係若隱若現，同時兼具通風、防盜功能，展現出輕巧美麗的亞熱帶風貌。

南向一、二樓的展覽室為了取景，雖然做了大落地窗，但它們都位於屋簷與大陽台之下。一樓西南角辦公室與展覽室的大開

「綠色魔法學校」的遮陽設計，展現出
輕巧美麗的亞熱帶建築風貌

1.西南向深遮陽

2.「綠色魔法學校」處處可見遮陽又遮雨的設計巧思

3.「綠色魔法學校」學校的銅雕大門以「MSGT」英文字組成

窗，是唯一有強烈西南日曬困擾之處，承蒙和椿科技公司捐贈
了高品質又靜音的電動遮陽百葉窗，解決了眩光、日曬與空調
耗能的困擾。

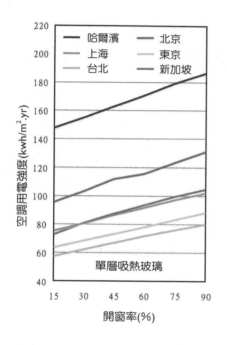

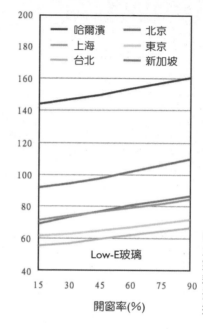

由寒帶至熱帶六
大城市，辦公建
築開窗越大空調
耗電量越多的情
形（DOE耗能模
擬解析結果）

有些外商爭相來找我，希望能捐給「綠色魔法學校」一些高科
技的玻璃反射薄膜，以展示其對空調的節能效益，但我們都婉
謝說：「我們的玻璃已設計在陰影下，完全沒有直達輻射熱，
不必再讓您破費了。」事實上，我們只用了台灣玻璃公司捐贈
的普通膠合清玻璃而已，其價格只相當於雙層帷幕窗或電致變
色玻璃的數十分之一，再加上外遮陽設計之後，其節能效果卻
有過之而無不及。這豈不就是「四倍數」的魔法嗎？誰說綠建
築一定更貴？

很難置信這美麗的一景，是「綠色魔法學校」
一、二樓廁所的外觀

魔法 4：「吊扇」便宜又有效，節能 76%

我 們也對「綠色魔法學校」的辦公室空調施以節能魔法，這魔法一點也不花錢，只是做了最基本的自然通風開窗，並引入長期被遺忘的「吊扇」設計而已，這樣就可讓辦公室的全年空調時間減少九成以上。

「吊扇」是既便宜又是有效的消暑工具，過去兩百年來由寒帶芝加哥到熱帶印尼的辦公建築，完全以它來支撐夏日的工作效率，但如今卻被現代人完全遺忘，十分可惜。

在此，我們設定室外氣溫大於31℃時才能啟動空調，在27～31℃時只能使用吊扇通風，在27℃以下則打開窗戶通風即可。事實上，根據過去針對一般家庭空調習慣的調查，發現台灣人在氣溫低於31℃時根本不會開空調，唯有當氣溫大於32℃時才會陸續啟動家裡的冷氣機，這與公家機關動不動就開空調是不同的。我們抓住這人性，同時也確認了氣溫31℃加上吹風扇可達成學理上的人體舒適範圍（見第84頁），因此就毅然在所有辦公室的天花板裝上吊扇，並設定室外氣溫低於31℃時只能開風扇而無法啟動空調。

許多人擔心這違反了冷凍空調界舒適度在22～26℃的原則，可能會引來反彈，但根據環境工程大師吉佛尼（Givoni）與台灣林子平、黃瑞隆等教授的研究報告，證實人實際在可開窗戶、可調節通風的空間下，通常會依據其習慣的氣候寒暑條件，在較熱的氣候可接受較熱的氣溫，在較冷的氣候可接受較冷的氣溫，尤其確認亞熱帶國家的人在32℃的通風條件下還是舒適的。

事實上，從全世界氣候條件來看，地球上大部分城市在夏季超

「綠色魔法學校」辦公區天花板面照明與吊扇
錯開排列，以避免幻影並減少使用空調

樓梯間加裝了金屬鋁百葉遮陽板，
讓內外關係若隱若現

出31℃真正需要空調的時間並非很長，例如由熱帶的新加坡到寒帶的北京，真正需要空調的時間只剩下2.0～8.0％而已。這意味著：只要善用這種「空調與吊扇並用系統」，地球上大部分的辦公建築物只需要一、兩個月的冷房空調即可，全年採用全年恆溫恆濕空調，不但浪費能源，對人體也不健康，「綠色魔法學校」只是讓它反璞歸真而已。

打開窗戶吹吊扇，可創造多變化的風速；風吹在家具、空間縫隙，會產生負離子，讓人更健康、更愉悅。我們的實驗解析也證實：吊扇可讓全年空調時間降至一個月，空調節能高達76％。當然，「吊扇空調並用設計」的前提，必須同時具備細長與雙向通風的建築平面，這是數百年來建築設計的常識，但卻被空調設備與現代建築造型所排斥而遺忘了。

掌握人體舒適度，空調節能大

**節能
綠點子**

許多人誤以為：從超高層辦公室、醫院病房、咖啡廳到海邊的渡假小屋等，全年都應維持於「溫度22～26℃、相對濕度50～60％」的舒適範圍才是理想，只要稍有一點偏離，如太冷、太熱、太乾、太濕、多刮一點風、多流一點汗，都被認為是不好的，這是對人體適應性與健康性的嚴重誤解。

吉佛尼（Givoni）教授建議，熱濕氣候地區的舒適範圍上限應擴及到氣溫29℃、濕度80％的情形。他甚至建議，熱濕氣候在充分通風環境下的舒適範圍可擴大至氣溫32℃、濕度90％（見第85頁）。因為常處於空調環境，將會對空調的依賴越深、對氣候變動的適應能力日益墮落。

全年低於27℃的可自然通風時間，即使在熱帶的新加坡也有56.3％，甚至從溫帶的上海到寒冷氣候的北京至少也有70.6％；另外，在夏季只要吹電扇即可舒適的時間（27～31℃時段）也不短，例如熱帶新加坡即有38.8％；如此一來，全球各城市在夏季超出31℃真正需要空調的時間均很短，例如由熱帶的新加坡到寒帶北京，只剩下2.0～8.0％的時間非空調不可而已。

表 世界各地適於風扇與空調的期間

城市	北緯	可自然通風的期間 外氣溫＜27℃		風扇通風期間外 氣溫27℃～31℃		非空調不可的期間 外氣溫＞31℃	
		時數	百分比	時數	百分比	時數	百分比
北京	39°54' N	8031	91.7%	521	6.0%	208	2.4%
東京	35°42' N	8010	91.4%	579	6.6%	171	2.0%
上海	31°11' N	7497	85.6%	946	10.8%	317	3.6%
台北	25°03' N	6184	70.6%	1875	21.4%	701	8.0%
新加坡	1°29' S	4930	56.3%	3396	38.8%	434	5.0%

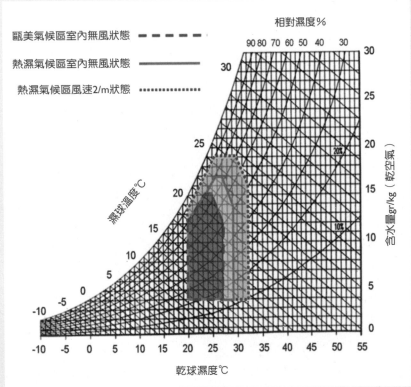

說明：紅色區塊是傳統歐美人認為的舒適範圍。台灣位於藍色區塊的熱濕氣候，在32℃的通風條件下還算舒適。

空氣線圖上的熱舒適範圍，在熱濕氣候與通風環境下的擴大情形（Givoni提案）

魔法 5：最精采的「灶窯通風」設計

上述「防止超量設計」與「外遮陽」、「吊扇」的設計案例，都是一些不花錢或花小錢的「四倍數」魔法，這些都是我們對外說明綠建築可以更便宜的佳例。

然而我也明白，不管我們如何解釋、如何實證，還是改不了一些人認為綠建築是更貴的偏見。這問題是出於大部分人對這些不花錢、不起眼、無商機的平凡技術還是沒興趣的，他們總是鍾情於能讓人繼續享受、讓人有面子的高科技產品或炫耀式設計。為了讓人刮目相看，我立志再展示一個又酷又便宜的綠色魔法，那就是一種古老的「灶窯通風」系統。

以前家家戶戶都有的「灶窯」，由一個磚泥塑成的保溫灶台，與一根長長的排煙煙囪所構成，氧氣由底部入薪口進入，廢氣由頂部煙囪快速排出，是一種燃燒效率很好的烹飪設備。我利用此原理設計了國際會議廳——「崇華廳」，希望它能利用煙囪效應，在冬天達到完全自然通風、不用空調的境界。

我仿造「灶窯」的原理，在主席台後面挖了一排開口以引進涼風，同時在最高客席的後牆上設計了一個壁爐式的大煙囪，創造出一個由低向高的氣流場，以有效排出廢氣。為了加強浮力，在此煙囪南面開了一個透明玻璃大窗，窗內裝了一個黑色烤漆鋁板，煙囪內部全部塗成黑色，以吸收由玻璃引進的太陽輻射熱，如此便形成有如「灶窯」燃燒的層流風場，由下而上，橫掃三百人的觀眾席，讓「崇華廳」在冬天可完全不靠電力，達到舒適的通風環境。

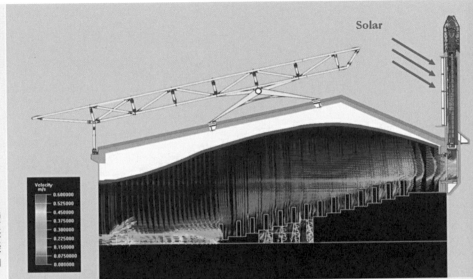

Solar

Velocity
m/s
0.600000
0.525000
0.450000
0.375000
0.300000
0.225000
0.150000
0.075000
0.000000

「崇華廳」
太陽熱能煙
囪通風效益
的CFD模擬
情形（室內
風速分布）

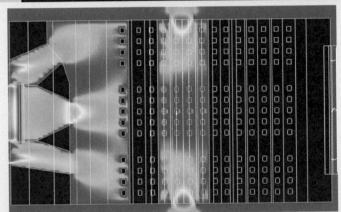

「崇華廳」
主席台下與
5.5公尺高度
風速分布的
CFD模擬情
形

說明：紅色
風速大，藍
色風速小。

即使在冬天，想要讓一座三百人用的大會議廳達到不空調的設計，在全世界是史無前例的，因為大空間不採用機械通風幾乎不能讓人存活。我在成大建築系，使用150人用的階梯教室上課達二十餘年，每到冬天都還必須開空調上課，此密閉的階梯教室假如不開空調則毫無氣流而幾乎令人窒息，但在冬天一開空調又讓人凍得要死，因此許多師生都是穿大衣顫抖著上課。這簡直是糟蹋地球最惡劣的示範，在一個環控教育最尖端的成大建築系裡竟然橫行了三十年，簡直羞愧學子。

幸而，流體力學大師周榮華教授跳出來跨刀相助，他指導博士生簡君翰進行CFD模擬（見第42頁）與風洞實驗，把「崇華廳」設計成一個超級節能的現代化「灶窯通風系統」。經過CFD模擬，我們在草圖階段就預知：在冬天十一至三月，即使不開空調，「崇華廳」內部的風速可維持於每秒0.1～0.6公尺的舒適範圍，有如微風拂面的感覺。它的新鮮外氣換氣次數每小時可達5至8次，是十分健康衛生的水準。當氣候越熱、室內人數越多時，煙囪效應的熱流動力會隨之變強，室內風速與通風量也跟著變大，正符合通風衛生上的需求。

此「灶窯通風」的靈感，說是簡單，卻不容易做好。本來以為在屋頂上裝個大煙囪即可，後來才知道風場的不均勻與擾流是大問題，最後設計了主席台下的風道分流，並把煙囪進風做成附有三個大風口的壁爐，以便平均誘導層流，並避免局部強風。另外，為了讓氣流通過觀眾席不會受到太大阻力，「崇華廳」不採用笨重而密不通風的一般沙發座椅，我特別選用了最輕巧、風阻抗最小的金屬座椅，只在與接觸人體的最小面積上縫有柔軟靠墊，讓座椅四周留出很多間隙，以容許最大的氣流通過。

我們同時也建立了一個1比20的縮尺模型，以煙流實驗確認了通風氣流可均勻地到達每一客席，保證了一個十分完美的通風環境。另外，我的博士生蘇梓靖也進行動態空調耗能模擬分析，確認了：當外氣溫低於28℃以下時，即可執行此不空調的「灶窯通風系統」，其室內最高溫度可維持於30.5℃，這在風速每秒0.5公尺下可保證是舒適範圍，同時全年可節省27％的空調耗電量。以經濟投資效益而言，此通風塔與閘門控制設備一共花了20萬元，其回收年限約為三年。

節能與舒適兼具的智慧型通風設計

「灶窯通風系統」的自然通風雖然很好，但隨風引入的噪音卻是一大困擾，我很怕外面的喇叭聲會干擾演講。還好，建築系的賴榮平教授建議在進風風室四周釘上玻璃棉，同時在入口處裝設消音箱以解決此問題。賴教授是國內第一把建築音響大師，他創建的成大音響實驗室已為台灣打下建築音響研究的基礎。

他自始即義務為「崇華廳」展開最佳音響的模擬評估，決定「崇華廳」內每一片建材的吸音率，確保了最清晰、溫潤的演講效果，同時還鉅細靡遺地檢查空調箱、空調出入風口、通風塔、門扇的隔音、吸音設計，讓「崇華廳」的隔音效能確實達到最高水準的境界。有一位鋼琴家許鴻玉女士走入「崇華廳」，聽到內部講話之餘音，對其音響效果讚不絕口。

此「灶窯通風系統」在採自然通風時，新鮮外氣由一片森林引入，可帶進充分的氧氣與芬多精，我們同時在入風口處鋪上一層「備長炭」，提供了吸濕、除臭、殺菌與淨化空氣之功能。

「綠色魔法學校」通風塔的
實景

「綠色魔法學校」三個通風
塔，分別位在中庭、崇華
廳、亞熱帶綠建築博物館，
是引進自然風的絕佳設計

「崇華廳」內主席台下方的
通風口

「崇華廳」在中央觀眾席下
方也設計了通風口

「崇華廳」最高出風口設計成長條形，
讓氣流均勻分布於觀眾席

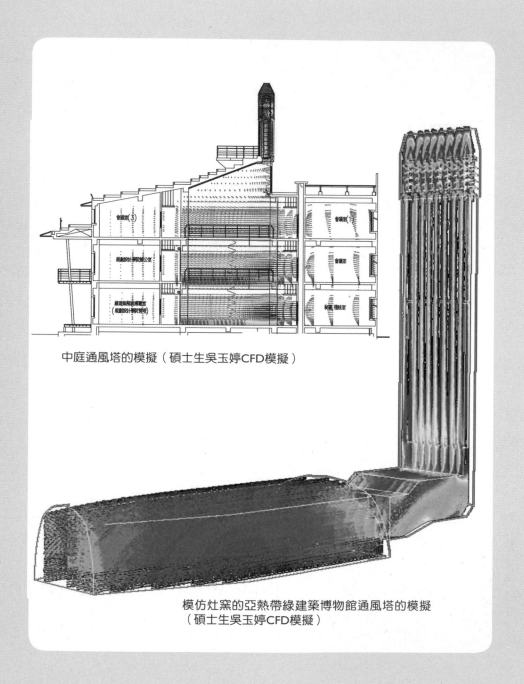

中庭通風塔的模擬（碩士生吳玉婷CFD模擬）

模仿灶窯的亞熱帶綠建築博物館通風塔的模擬
（碩士生吳玉婷CFD模擬）

這個自然通風系統不但可提供多變化的風速，也會產生大量負離子，因此可帶來愉悅無比的通風環境。在四至十月的溫熱期間，此「灶窯通風系統」以閘門控制改成一般密閉空調方式，其節能另外以高效率主機、變頻空調來處理。我特別要求此空調的新鮮外氣量高於一般水準，其外氣的耗能則以全熱交換器回收。本設計為最新「節能空調」與「灶窯通風」的組合，可說是一個兼具節能減碳與健康舒適的智慧型設計。

「綠色魔法學校」中一共採用了三個大型浮力通風塔。除了「崇華廳」之外，一個是中庭上方的通風塔，一個是一樓「亞熱帶綠建築博物館」的通風塔，它們確實發揮了強力的自然通風效果，讓其下的空間完全不使用空調。這些完全以流體力學發展出來的通風塔設計，是我最憧憬的德國建築學院包浩斯（Bauhaus）現代機能美學的極致（見第96頁）。

「綠色魔法學校」的通風設計真是無微不至，因為徹底通風才是減少空調、增加健康舒適的唯一途徑。例如在廁所上方，我們設計了一個會隨風向而搖頭的通風器，利用縮流效應把廁所的臭氣完全排出室外。我刻意把這搖頭通風器上方的風舵做成翅膀狀，把整座通風器烤成金錢豹的豹紋，讓它看來像名牌包，簡直是酷呆了。

又如，所有辦公室的門扇也被設計成冬天可關、夏天可開的百葉通風門，所有窗框皆有設換氣柵門，讓使用者可以保有隱私、不受窺視，又可保有最大的通風換氣機能，這是不使用空調又能保持涼爽的絕招。尤其日本YKK分公司的台灣華可貴公司捐贈的高性能鋁門窗，設有可防風雨又可調節換氣量的美麗窗框，簡直令人愛不釋手。總之，「綠色魔法學校」所有門窗有如會呼吸的鰓，門扇關了也可通風，窗戶在下班、雨天鎖上也可換氣，這真是亞熱帶生態建築的最高境界。

金錢豹花紋的廁所通風器（張開的
雙翼有穩定風向的作用）

靜音設計的電動遮陽百葉窗，使用於日曬嚴重的大落地窗上，解決眩光、日曬與空調耗能的困擾

廁所大面牆使用透明磚採光，而上下則使用花格磚引進自然風

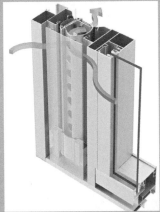

可防風雨又可調節換氣量的窗框

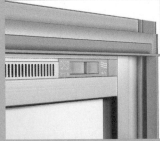

通風窗框的局部特寫，當窗戶緊密時也可以通風

辦公室的百葉通風門可通風又可保持隱私

包浩斯的影響力

德國國立建築學院包浩斯學校（Staatliches Bauhaus），通常簡稱包浩斯（Bauhaus），是一所德國的藝術和建築學校，講授並發展設計教育。Bauhaus是德文Bau-Haus組成（Bau建築，動詞bauen為建造之意；Haus為名詞，房屋之意），由建築師沃爾特·格羅佩斯（Walter Gropius，1883年至1969年）在1919年時創立於德國的威瑪（Weimar），1933年在納粹政權的壓迫下，包浩斯宣布關閉，同年也是威瑪共和的結束。

由於包浩斯學校對於現代建築學的深遠影響，今日的包浩斯早已不單是指學校，而是其宣導的建築流派或風格的統稱，注重建築造型與實用機能合而為一。而除了建築領域之外，包浩斯在藝術、工業設計、平面設計、室內設計、現代戲劇、現代美術等領域上的發展都具有顯著的影響。

世界第一節能

剛開始我們對外宣稱，「綠色魔法學校」預定要節能40%。大家都很好奇，如何達成此艱鉅的任務？尤其在亞熱帶的建築物基本耗能量就很小，要減少40%，簡直是不可能之事。過去，我非常看不慣許多雜誌的不實報導，有些媒體炒作的綠建築常只是廣告吹噓，而毫無科學根據，例如我看過一棟標榜超級節能的某智慧型辦公大樓，我們私下調查了其實際耗電量，卻發現它比相似規模的辦公建築物的耗電量高出73.0%，簡直是欺世盜名。

「綠色魔法學校」既然是作為領航環保的示範，其節能40%的目標絕不能造假說謊，我們必須在實際的電費單上，證明其用電強度EUI（見第98頁）為一般辦公建築物的40%以下才行。為此，我的博士生王育忠、蘇梓靖，以美國能源部的動態程式

DOE，對於十三種被設計團隊選上的節能對策，做了最嚴謹的耗能解析評估。一開始，我們只敢以40％為節能目標，但經過多次反覆修改、多次解析，發現可以超越節能40％很多，甚至可達到不可能任務的節能65％的目標，亦即其用電強度EUI只有43kWh/(m^2.yr)，為一般辦公建築耗電強度的35％而已，幾乎是世界第一的超級綠建築。

為了易於解說，在DOE耗能解析中，我刻意把這十三種節能技術分為三部分，那就是第一部分的設計節能、第二部分的設備節能，以及第三部分為再生能源。第一部分是不花錢、或花少錢，以建築與設備的專業來達成的節能設計，包括由開口、遮陽、屋頂隔熱等建築外觀的節能設計，以及由平面、通風塔、吊扇來創造的自然通風設計，並且包括空調、照明等設備的減量設計，這部分總共可達節能41.0％；第二部分是以高效率變頻空調、全熱交換器、高效率燈具、照明控制、高效率受電變壓器等方面的設備硬體節能，這部分總共可達節能19.1％；第三部分是太陽能與風力的「再生能源」部分，可達節能5.0％。

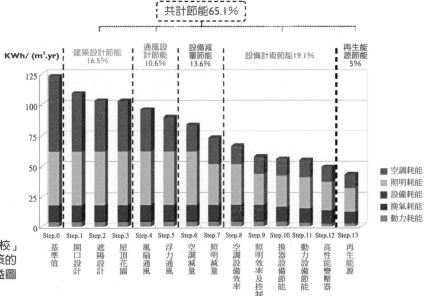

「綠色魔法學校」13種節能對策的累積節能效益圖

用電強度 EUI，衡量節能指標

建築物的耗能水準一般以用電強度（Energy Usage Intensity）來表示，簡稱為EUI，它是由建築物總用電量除以建築樓地板面積的用電數據。建築設計隔熱遮陽不佳、通風采光不良、嚴重西曬、設備超量、設備效率差、生活習慣不良，都會造成用電強度EUI上升，因此用電強度EUI是衡量建築節能水準的最佳指標。

台灣各類建築物的用電強度EUI統計如第99頁表所示，由此可知台灣的辦公建築用電強度EUI由高層的241kWh/(m².yr)到低層的169 kWh/(m².yr)，甚至克勤克儉的小企業低層無電梯辦公室也達97 kWh/(m².yr)。以國際外水準而言，英國、美國、香港、新加坡、中國辦公大樓的EUI約404、390、304、217、111.2 kWh/(m².yr)，可見「綠色魔法學校」達成EUI=43kWh/(m².yr)確實是世界第一的水準。

當然，在台灣也有一些毫無電梯、無空調設備的家庭辦公室也可能達到43kWh/(m².yr)，過去中國無空調的傳統辦公室也只有30kWh/(m².yr)，但這些均不能與現代設備的辦公室同日而語，現代化、高品質的「綠色魔法學校」達成EUI=43kWh/(m².yr)依然是一項不可能的任務。

當今有許多標榜「零能建築」或「零碳建築」的新聞，但這些都是在操作上的零能、零碳計算而已，例如北歐國家有些生產木材的小鎮，把燃燒木材的生質能不計入化石能源而稱為零碳；美國把花大錢外購的水利、風力、太陽能不計入其耗電量而稱為零碳。事實上，它們真正的耗能與排碳依然不小，標榜「零能建築」或「零碳建築」只是一種偽裝而已，對地球環保並無助益。真正節能建築必須不假外求而達到本身絕對節能減碳才行，「綠色魔法學校」從設計、技術與生活上達成絕對的EUI=43kWh/(m².yr)，才是真正世界第一的水準。

表 台灣各類建築物用電強度EUI kWh /(cm².yr)統計表

主分類	次分類	樣本數	EUI平均值	EUI標準差
住宅	透天住宅	26	41.8	18.9
	公寓住宅	36	32.1	15.6
辦公大樓	官廳舍	20	134.42	42.99
	高層企業辦公大樓	132	240.94	87.01
	中層企業辦公大樓	115	225.6	115.3
	中低層銀行辦公大樓	24	169.1	76.8
	低層無電梯個別空調型公司行號	60	96.7	67.9
旅館類	國際觀光旅館	31	314.91	60.18
	一般觀光旅館及一般旅館	124	190.62	58.63
百貨類	購物中心	15	525.21	162.77
	量販店	80	457.40	92.85
	大型百貨公司	54	586.18	92.86
	平價百貨公司	7	516.73	226.49

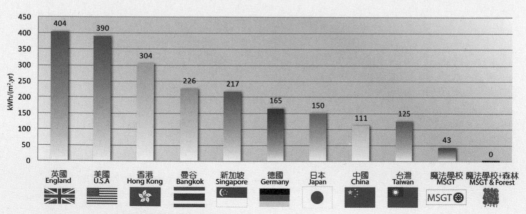

世界各國辦公室用電密度比較圖

碳足跡減少 **37.7%**，源頭減量勝於末端控制

我把節能65％的成績換算成二氧化碳排放量，並以建築物六十年生命週期，從建材生產、運輸、營建、使用、拆除到廢棄物處理等各階段，細算其二氧化碳排放量，發現「綠色魔法學校」比一般辦公建築物可減少37.7％的碳排放。節能65％，加上減少碳足跡37.7％，是不可思議的成就，況且這成就是建立於不增加預算、不依賴太多昂貴設備的前提上，是「平民綠建築」的偉大勝利。此減碳成效在2015年獲得「低碳建築聯盟」認證取得「鑽石級低碳建築標章」。

這「平價綠建築」的成就，帶給我們一種啟示，那就是「源頭減量勝於末端控制」、「越自然的技術效益越好」的原理。例如在節能65％的技術分類中，第一部分的節能技術，只是動動腦筋、畫畫圖、買些吊扇，甚至是把大機器換成小機器而已，幾乎不動用昂貴的設備，但節能效益卻很高，其累積節能效益高達41.0％，簡直是一本萬利的投資。

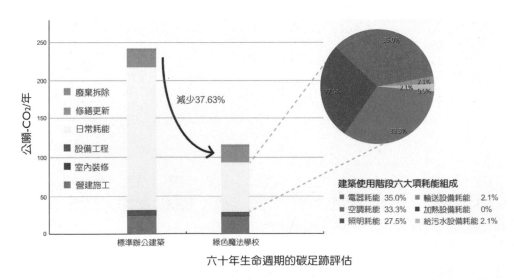

六十年生命週期的碳足跡評估

另外，第二部分的空調、照明、變壓器的設備節能技術，是一些不複雜但有很高效率的節能設備與自動控制技術，其硬體投資雖然貴了一點，但其總節能效益高達19.1%，回收年限約為三年，也是值得推薦的綠建築技術。唯一較不划算的投資就是第三部分的太陽能與風力發電技術，它只節能5.0%，但卻花不少錢，在無政府補貼之下，回收年限至少五十年以上。

然而，你一定不敢相信，政府媒體一再推崇的太陽能光電，為何回收效益並不理想？這不是太糗了嗎？沒錯，許多太陽能發電的研究者都知道此糗事，但因政治與產業壓力而不敢告知世人真相。坦白講，為了真正的節能效益，政府的補助政策不應獨厚太陽能產業，其他有幾十種更有效率的節能技術，更值得加碼補助。「綠色魔法學校」所展示的諸多節能技術，提供了更多的節能選擇，告誡我們不要把拯救地球的雞蛋通通放在一個再生能源的籃子上。

然而，是恨鐵不成鋼吧！「綠色魔法學校」還是裝了太陽能光電作為教材，寄望它能快速改善效率。我特別將它設計成一片可愛的「葉子」狀，跨在「崇華廳」的屋頂上，並令之能隨季節而調整其面對太陽的角度，以得到最好的發電效益。這「葉子」象徵大自然給人的一個教訓：植物葉面的光合作用有95%以上的光能轉換效率，但人類頂尖科技的太陽能光電，卻只有20%以下的能源轉換效率。人類科技那能與自然相比？科技競賽何時了？何不早日回歸大自然？

葉子狀的太
陽能光電設
計，以及風
力發電機

邁向「零碳建築」

然而，「節能62%、減少碳足跡52％」尚未滿足我們，因為我們想追求人類最高理想的「零碳建築」。

所謂「零碳建築」，就是完全不使用地球能源、完全不排放二氧化碳的建築物，這有如一種名叫「歐伯羅斯」（Ouroboros）的怪獸，可以吞食自己不停生長的尾巴而長生不死的古西洋神話般神奇。「歐伯羅斯」在古埃及與古希臘，常以一對互吞尾巴的蛇紋形圖騰來表現。它象徵不斷改變形式但永不消失的一切物質與精神的統合，也隱喻著毀滅與再生的無盡循環。

由於「歐伯羅斯」可完全不靠外界食物而長存，富有神秘、輪迴、生生不息的氣氛，因此一些西洋煉金術或早期基督教神秘教派，常以「歐伯羅斯」為其圖騰標誌。「歐伯羅斯」的圖案甚至在十九世紀啟發了德國化學家凱庫勒（Friedrih August Kekule von Stradonitz），對於苯鍊碳分子結構的靈感。

我常想，人類如果能像「歐伯羅斯」一樣，不消耗外界食物資源而自我生生不息的話，世界上就能減少絕大部分的資源掠奪與社會爭端，也就不會導致今天的地球環境危機了。雖然，「歐伯羅斯」的神話有如秦始皇求長生不老藥般，是不可能的任務，但我們無論如何一定要打造一個「歐伯羅斯」的理想，做為人類努力的目標。

為此，我想到「碳中和」的秘訣，亦即以造林增加光合作用來吸附建築物排放二氧化碳的方法。上述努力已讓「綠色魔法學校」每年的總用電量縮小到113.2萬度（包括地上2632平方公尺與地下室1197平方公尺的用電），假如能設法增加4.7公頃的造林，以每公頃人造林每年吸收15.0公噸二氧化碳來計算，其光合

作用剛好可以吸附其總耗電量所排放的二氧化碳排放量71.3公
噸,即可達成「零碳」的理想。

為此,我寫了一個簽呈給賴明詔校長,請求幫忙此造林計畫。
校長一聽此事,立即指示校方高層討論。幸好,大家都支持並
決議撥出「綠色魔法學校」旁0.7公頃的綠地,以及成大安南校
區內4.0公頃的邊緣荒地,作為造林的永久綠地,同時積極展開
造林行動。從此,我們可以高揭「零碳‧綠色魔法學校」的招
牌,真令人歡欣鼓舞。

自食尾巴而
長生不死的
Ouroboros
(取自大英
百科全書)

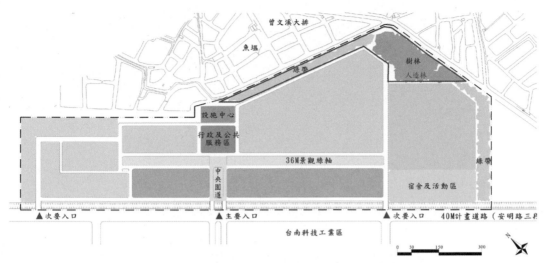

成大校方提出安南校區4.0公頃邊緣荒地作為造林計畫圖

「真愛」才可以救地球

由節能65％、減少碳足跡52％，邁向「零碳」，簡直是世界級的建築奇蹟。當然，許多人想問：綠建築是否更貴？是否需要投資更多設備？但「零碳‧綠色魔法學校」已經證明並非如此。

「綠色魔法學校」本體的營建費用是1,270萬元，每平方公尺新台幣2.65萬元（8.7萬元/坪，已計入捐贈工程費，但外牆隔熱工程、再生能源設備與周邊道路景觀工程不計），這只是一般平價建造水準而已，但卻擁有節能65％、減少碳足跡52%的水準；成大另外提出造林4.7公頃來吸附71.3公噸二氧化碳排放量的「碳中和」措施，也只是以很低的粗放造林，把原有人工綠地或荒地變成森林而已。事實上，綠建築設計就像穿衣服一樣，會穿衣服的人，用最便宜的衣服就可搭配出最高雅美麗的打扮，不會穿衣服的人，滿身名牌也不登大雅。

我們很自豪地，兌現了「平價綠建築」的承諾。「綠色魔法學校」採用的十三種綠建築節能對策，都是省錢、高效率、事半功倍的廉價技術，但卻可達到節能60.1％的高水準，唯一效率差的只是再生能源，但這是用來作為效益比較的教材，非做不可。

然而，一般人怎麼知道哪種技術有用？哪種技術是中看不中用？要如何從浩瀚科技中，去蕪存菁，挑選出經濟實惠的綠建築技術？我認為唯有「環境良知」而已。所謂「環境良知」，就是對人類文明與地球生態的「真愛」，有此「真愛」才會珍惜一切資源，能自然通風度日絕不開空調，能吹風扇度日也絕不開空調，唯有在無法忍受的最短夏日裡，才以「夠用就好」的設備來空調。作為建築師、工程師、研究學者必須有「環境良知」，才會誠實專研科學，誠實設計環境，不會以商機來蒙蔽環保，甚至捏造數據造假，騙人購買過剩的設備。

綠建築的真精神，有如環保大作《生活簡單就是享受》（Simplify Your Life）所言：「住小房子吧！否則你會疲於打掃房子；衣櫥不要太大‧大了就想多買衣服；關掉電視機吧！因為它占掉我們太多時間；在家裡渡假吧！不要出去人擠人；檢討你的購物習慣，不要為買而買；散步要比去健身院好……。」

綠建築絕非更貴的建築，「高科技」更非拯救地球的萬靈丹。綠建築不是綠能設備的拼裝車，而是「環境良知」的藝術創作。有志於綠建築的設計者，只要秉持對地球的「真愛」，才能以「夠用就好」的理念完成「平價綠建築」的設計，絕不會造成綠建築更貴的情形。唯有「真愛」才可以救地球，虛情假意、覬覦商機者，根本不配談論綠建築。

1.綠色空調設計

在台灣的建築空調設計，超量設計情況嚴重，舉凡建築空間複雜、空調分區不良、系統效率不良；或是對空調負荷預測、系統設計、監控的經驗不足，都可能造成空調效率低落。一個好的空調節能設計，必須進行嚴格的空調分區，要求空調熱負荷計算，選用高效率主機，同時進行動態空調熱負荷解析，以及能源節能管理運轉。

2.綠色照明設計

台灣的照明設計通常是低效率又超量，在於沒有嚴謹的照度計算，而有過亮、過多的燈具設計。綠色照明設計必先選對照明方式與使用高效率光源，避免光害，才能達成節能減碳的目標。

3.省電燈泡不省電

「省電燈泡」是一種螢光燈，比鎢絲燈泡省一點電，比現在大量普及的PL燈、日光燈或T5燈管都耗電，可見「省電燈泡」並不省電。

4.冷陰極管

冷陰極燈管具有高發光效率（接近T5燈管），壽命很長（2.5～3.0萬小時），三、四年都不必更換燈管，更大的長處在的調光節能控制系統，可隨室外採光之明暗而無段漸變，並隨照度增減耗電量。

5.陶瓷複金屬燈

陶瓷複金屬燈具有95%的演色性，可讓色彩真實而鮮艷，其反光罩的設計攸關照明效率。「綠色魔法學校」的陶瓷複金屬燈具以精密汽車車燈原理設計反光罩，具有極高的照明效率。陶瓷複金屬燈原本就是超級省電與具演色功能的路燈，因其發光效率是一般T8燈管的1.5倍，照明省電約40%，在大空間的室內也可使用。

6.LED路燈

發光二極體（LED）係以III-V族化合物半導體為材料，所做成具有發光功能的P/N二極體。LED靠電子能階轉換而發光，為一種冷光發光件，不同於傳統白熾燈泡靠熱能發光的原理。現今的LED光源，具

有體積小、壽命長、耗電量低、發熱量低、無汞污染等優點。LED
燈過去常用在訊號標誌與廣告燈，現在已發展至室內照明與路燈。

7.適當的開窗率設計

開窗率設計攸關視覺開放感與空調耗能的兩難，一般辦公建築開窗
率在40%，住宅開窗率在25%，即是適當合理的開窗率。英國有一
項心理實驗發現：大多數人對20%的開窗率，已大致心滿意足，對
30%的大開窗對視覺滿足感幾乎毫無貢獻。大玻璃帷幕設計是能源
的大殺手，在台灣每增加1%的開窗，就增加1%的空調耗電量。

8.外遮陽設計

外遮陽、陽台等設計是展現熱帶與亞熱帶建築風格的最佳手法，尤
其將開窗都設計於屋簷與大陽台之下，就可把大量陽光阻擋於外，
收到事半功倍的節能效果。

9.金屬鋁百葉遮陽板

善用金屬鋁百葉遮陽板，可以讓內外關係若隱若現，同時兼具通
風、防盜功能。

10.電動遮陽百葉窗

靜音設計的電動遮陽百葉窗，可使用於日曬嚴重的大落地窗上，解
決眩光、日曬與空調耗能的困擾，也可防止強風暴雨的侵襲。

11.吊扇

全球大部分地區，外氣溫高於31℃而非空調不可的期間在8.5%以
下，而採用「吊扇」即可感到舒適的時間，在熱帶與亞熱帶約有
20～40%。辦公建築做好最基本的通風開窗設計，同時採用「吊
扇」，可讓全年空調時間減少九成以上，並能創造多變化的風速，
當風吹在家具、空間縫隙，會產生負離子，讓人更健康、更愉悅。

12.灶窯通風

灶窯通風系統是仿造「灶窯」的原理，利用煙囪效應，讓室內達到
自然通風、不用空調的境界。例如在「綠色魔法學校」大會議廳的
主席台後面，挖了一排開口以引進涼風，同時在最高客席的後牆上
設計了一個壁爐式的太陽能大煙囪，創造出由低向高的氣流場，形
成有如「灶窯」燃燒的層流風場，能有效排出廢氣，在冬季可採自

然通風而停止空調四個月，節約空調用電20%。

13.通風器

通風器有許多型態，大部分是利用浮力而產生換氣功能，尤其在無空調的大空間或管道間的空間，都是最佳利用場所。「綠色魔法學校」在廁所上方，設計了一個會隨風向而搖頭的通風器，利用縮流效應，就可以把廁所的臭氣完全排出室外。

14.百葉通風門

室內門扇可設計成冬天可關、夏天可開的百葉通風門，而且所有窗框也可以換上有設換氣柵門，讓使用者可以保有隱私、不受窺視，又可保有最大的通風換氣機能。

15.換氣型高性能鋁門窗

使用高性能鋁門窗，在窗框的設計上是可以達到防風雨又可調節換氣量的效能。當所有門窗有如會呼吸的鰓，門扇關了也可通風，窗戶在下班、雨天鎖上也可換氣。

16.節能技術三部曲

綠建築應有的節能技術可大分為三部分。第一部分的設計節能，是不花硬體投資而以建築與設備設計的專業來達成的節能設計；第二部分是高效率設備的硬體節能設計；第三部分是太陽能與風力的「再生能源」部分。這三部分的投資效益由高而低，我們應遵守先後順序來投資。

17.零碳建築

所謂「零碳建築」，就是完全不使用地球能源、完全不排放二氧化碳的建築物。以「綠色魔法學校」為例，預估每年的總用電量可縮小到113.2萬度，另外增加4.7公頃的造林，以每公頃人造林每年吸收15公噸二氧化碳來計算，其光合作用剛好可以吸附其總耗電量所排放的二氧化碳排放量71.3公噸，因而能達成「零碳」的理想。

18.【碳中和】

「碳中和」是以造林增加光合作用或再生能源來彌補能源消耗的方法。

自然美的
生物多樣性
設計

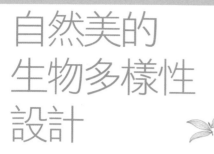

在「綠色魔法學校」周邊,希望打造一個「諾亞花園」,成為生物多樣化基因的基地。這裡有亂中有序的動態生態之美,蚯蚓能在道路下活動,「淑女蟲」能在窗簾、地毯上捕食塵蟎,天上掉下來的水與人使用後的廢水,能生生不息的淨化、過濾、循環,並滋養大地生命,這是人與生物共生的設計,也是綠建築理想的生命動力。

04

「諾亞花園」的鎮園之寶──百年金龜樹

除了上述節能65.1％的奇蹟之外，生物多樣性設計也是我們的重點。我們把「綠色魔法學校」周邊打造成一個「諾亞花園」，希望它有如大洪水來臨前拯救地球生物的「諾亞方舟」，成為生物多樣化基因的基地。「諾亞花園」必須具備最多生物共生發展的條件，並提供它們棲息、覓食、求偶、躲藏的環境，有四季開花、結果，形成穩定的植物群落。

首先，整個「綠色魔法學校」為了保有一棵百年金龜樹與數十年樟樹而讓出空間，使得整個屋頂與立面的造型切開了一大角，讓屋頂形成了一頂有如拿破崙軍帽狀的形狀。這棵百年金龜樹是台灣國寶，有如「阿凡達」電影中的「生命之樹」，儼然是孕育這校園的母親，我們從設計之始，就要求「綠色魔法學校」必須讓給她充足的土地、陽光與成長空間。

這「生命之樹」的莖幹有瘤狀突起，樹幹彎曲多節瘤，看起來很醜，但看久了卻驚為造物者之傑作，美呆了。金龜樹是豆科，金龜樹屬，學名是Pithecellobium dulce（Roxb.）Benth.，別名為羊公豆、牛蹄豆、甜肉圍涎樹，二回羽狀複葉，葉基有一對由托葉轉化變成的尖刺；春季開花，花小，淡黃綠色。她原產於熱帶美洲，1605年由荷蘭人引入台灣，是目前數量稀少、瀕臨滅絕、造型奇特的樹。

在一樓南面庭園，我們特別種植了一排被許多人排斥的本土生態之寶──苦苓（又稱苦楝），因為民間習俗說它為不祥之物，說種苦苓如入苦海。事實上，苦苓非常美麗，其葉如羽狀，輕飄飄如薄紗，春天時細細的紫花開滿樹梢，飄出淡雅清香，落英時有如紫絮隨風飄。她生存能力強、耐旱、耐強風、

百年金龜樹是「綠色魔法
學校」的「生命之樹」

1. 「綠色魔法學校」的綠屋頂,取名為「諾亞花園」

2. 復育成功的亞熱帶雨林

3. 在亞熱帶雨林裡,打造高架木棧道讓行人通過

耐鹽、耐污染，整株帶有苦味，可提煉出防冶病蟲害的物質，台灣原住民將它視為報春樹，也知道它有驅蟲的能力，常被祭師們奉為神樹，以其枝葉作為喪家除穢的法器。

打造野生森林與亞熱帶雨林

成大提出4.7公頃的造林，是用來彌補「綠色魔法學校」用電量對地球的衝擊。這彌補措施既便宜又簡單，它只是改變原有花錢的人工綠地，改成粗放雜生、自然演替的野生森林而已。我們計畫在面臨海邊的成大安南校區4.0公頃的邊緣荒地，遍插耐鹼、耐旱、耐風的小苗，並經短期的簡單澆灌養護，再放任其成為自然雜生林地。

為了快速培育多樣化植物群落，並減少引進不適當物種，只要利用貧瘠的土壤來栽種小苗木即可，也就是既不用引入肥沃的表土，也不用施肥，不必移植大喬木，如此可減少大量建設費用。在演化期間，適當地間伐密植的樹林，並偶爾予以除草，最後期待成為自然生長演替的穩定植生林相，其管理維護費遠低於一般田園風光的公園。

另外，我們在「社科院大樓」與「綠色魔法學校」之間，復育了一個約0.7公頃的亞熱帶雨林。其作法是先以高架木棧道作為聯絡四周建築物的通道，讓人行交通完全不干擾綠地，再植以江某、姑婆芋、鬼沙欏、月桃等亞熱帶林相的喬灌木，把原來貧瘠的林相變成一個富有生物多樣性的立體複層林。這些低維護的野生造林，在充滿百花怒放、綠草如茵的台灣校園，深具生態教育意義。

我們也在「綠色魔法學校」四周種滿常開花、常結果的本土植物以招蜂引蝶，例如種上一些烏心石樹，期待她開滿像是小型玉蘭花的白花，飄逸著清淡的香味，同時也種了幾棵會開白花並結橢圓形核果的錫蘭橄欖，還有幾棵會開滿香果的蒲桃，它們會引來大量的麻雀、白頭翁、斑頸鳩、綠繡眼、八哥。我們也故意在林中留下一些枯木、倒木、樹頭、樹根，讓它成為菇菌與地衣植物寄生的天堂。

生態水池與自然農園

在「綠色魔法學校」的南邊，我們建了一個生態水池，以及一區處理廁所二級污水的人工濕地，以提供豐富水生植物與魚蝦的棲地；又在濕地邊以枯木、竹管、咕咾石建了三面充滿孔隙洞穴、充滿蔓藤的亂砌牆，這亂砌牆是低層生物最喜歡棲息的環境，既適於野花、野草、蔓藤植物生長，也提供甲蟲、蜈蚣、青蛙、蜥蜴、蛇、蜘蛛、野蜂等動物藏身、覓食、築巢之處。這裡有分解腐爛物的眾多低等生物，有搬運土壤、挖掘地道的蟲蟲世界，寄生者與被寄生者、補食者與被食者，形成複雜多樣的小生態鏈，以及最富生命力的「濃縮自然」（見第120頁）。

在人工濕地的旁邊，我們特地留下一片菜園，期待以自然農法來種植蔬果，希望師生們能親身流汗，體驗務農之苦，並吃到零運輸、零污染、零碳足跡的農作物，徹底實踐與綠色生活結合之綠建築設計。由於禁用農藥與殺蟲劑，這些菜園蔬果、花卉一定會產生大量蚜蟲（aphids），尤其會危害十字花科蔬菜、葫蘆科的瓜類、茄科、桑科植物。為了防治蚜蟲，我們將引進

故意留下的倒木、樹頭、樹根，可以成為菇菌與地衣植物寄生的天堂

以枯木、竹管建造的「濃縮自然」是基層生物的集合住宅

一些瓢蟲，作為天然防治蚜蟲的方法。一隻肉食性瓢蟲每天可以捕食超過200隻的蚜蟲，一生可以捕食超過5,000隻蚜蟲，對病蟲害防治相當有幫助。

瓢蟲的英文名字叫「淑女蟲」（lady bug），外型鮮豔美麗，舉止典雅，彷彿撐著小洋傘散步的名媛淑女。瓢蟲也會飛進房間裡，在窗簾、地毯上捕食塵蟎，對室內環境衛生與人體健康也有助益。我們特別做出了告示牌，告訴人們別把瓢蟲當臭蟲，愛護「淑女蟲」就是愛護這塊土地。為此，我特別訂作了一隻紅黑相間的七星瓢蟲之大雕塑，掛在葉形太陽能光電板邊。「瓢蟲」前腳抓住葉緣，好像要掉下來狀，吸引來往過路人好奇地對它指指點點。

掛在太陽能光電板
邊的七星瓢蟲雕塑

「濃縮自然」，復育多樣性生物

所謂「濃縮自然」就是小生物密集棲息之處，它也許只是一個可以讓青蛙、鯽魚、水草、浮萍、岸邊灌木共生的池塘及水岸環境，也可以是讓低等植物、昆蟲、兩棲動物群集的濕地、茅草屋頂、亂石牆、雜生密林。

在不干擾人類生活之前提下，生物多樣性綠地設計，應盡可能在基地之一隅，保留枯木、樹根、樹洞、亂石堆、石灰岩、土丘、岩洞等，充滿孔洞的「多孔隙環境」世界，以便容納水分空氣、滋養微生物，並進一步提供野花野草、地衣菇菌、爬藤植物之生長空間，也提供甲蟲、蜈蚣、青蛙、蜥蜴、蝴蝶、蜂、鼠兔、小鳥、蝙蝠等小動物的藏身、覓食、築巢之處。

小生物棲地設計之意義，在於復育多樣性生物環境，以便能增進多樣性的遺傳基因、多樣性的物種、多樣性的生態系環境。「濃縮自然」設計，就是以多孔隙材料疊砌，並有植生攀附的生態邊坡、圍牆或透空綠籬，或是在圍牆隱蔽綠地中堆置枯木、薪材、亂石、瓦礫、空心磚的生態小丘，以人為力量輔佐建立高度濃縮式的小生物世界。

為生物創造多樣性的生存空間

（典匠提供）

水循環設計，每一滴水都不浪費

水循環是生態的基礎，「綠色魔法學校」的水是生生不息，永不浪費的設計。被用過的自來水，無論是洗手水，或是廁所污水，先經化糞池與人工濕地處理後，再經碳粒過濾後納入地下儲水槽，然後直接引來作為澆灌庭園之用。地面的雨水也全面收集進入地下水池，再打上屋頂的雨水槽作為沖廁之用。屋頂所收集的雨水為了保持其位能，先收集在東北側樓梯間的垂直雨撲滿，然後以重力引來作為澆灌地面庭園之用。由飲用水、洗手水到雨水，每一滴水都不浪費，幾乎形成一種「零排放」的生態水循環。

綠建築的水循環設計，尤其強調土地涵養水分及貯集滲透雨水的功能，讓土壤保有豐富的微生物活動潛力。過去我們的大地環境充滿了坑洞間隙，可貯集大量水分，有疏鬆的土壤可涵養生物，有埤塘窪地可匯集逕流水，甚至有許多地下空腔以容納

乾床式人工濕地（因無表面水，可防止登革熱）

伏流湧泉。然而，現代的城鄉環境多已不透水化，濕地埤塘消失，連土壤也因道路交通、人工地盤而漸漸「無孔隙化」，因而減弱涵養水分的能力，並造成都市洪患日益升高的現象。另一方面，土地減弱了蒸發水分的能力，因而日漸喪失調節氣候的功能，並引發嚴重的「都市熱島效應」。為了應付日益炎熱的都市氣候，家家戶戶更加速使用空調、加速排熱，造成都市更加炎熱化的惡性循環。

生態
綠點子

節水又節能的「雨撲滿」

水資源是人類生活與經濟活動不可或缺的物質，但在21世紀，水資源危機卻成為危及人類文明的挑戰。根據2008年世界觀察組織World Watch Institute的報告，目前全球有40％的人口有缺水壓力，到2025年全球將有四分之三的人口面臨缺水問題。

世界各地已經有許多人設法收集從天而降的珍貴雨水，例如泰國民宅使用的大水缸、日本寺廟也擺放著石頭水缸，以及在台灣的許多校園都有造型可愛的雨水回收桶……。

現今，水資源指標成為我國綠建築標章中，被要求必須通過的門檻指標。符合台灣鑽石級綠建築標章的「綠色魔法學校」，從省水器材、雨水回收、中水利用、人工濕地都是節水設計的一環，其中更有一個世界最大、最美的「雨撲滿」設計，格外引人注目。它以一個漏斗承接屋頂天溝收集的雨水，最後收集在高達三層樓的紅色「雨撲滿」之中。它利用其高大的「雨撲滿」維持其位能，下方有一水龍頭，直接利用其水壓來噴灌花草。它與盤旋的鋼樓梯結合，有著鮮紅的漏斗與版結構造型，有如一座美麗的現代雕刻，是一座絕無僅有、節水兼節能的「雨撲滿」。

台灣的校園裡可愛的「雨撲滿」

綠色魔法學校東面樓梯結構是世界最美的「雨撲滿」

泰國民宅使用的「雨撲滿」

日本寺廟所用的「雨撲滿」

何謂「都市熱島效應」?

所謂「都市熱島效應」,導因於都市環境的綠地不足、地表不透水化、人工發散熱大、地表高蓄熱化,使都市有如一座發熱的島嶼,其發熱量在都心區域產生上升氣流,再由四周郊區流入冷流形成循環氣流,使都心區呈現日漸高溫化的現象。

都市熱島效應對都市生態而言是一種不利的影響,其影響包含有:(1)高溫化、(2)乾燥化、(3)日射量減少、(4)雲量增多、(5)霧日增多、(6)降雨量微增、(7)平均風速降低、(8)空氣污染等現象。

尤其,都市熱島效應常使得都市中污染物隨著都市大量人工發熱上升後,遇到冷空氣而往四周下降,然後在圓頂罩內循環不散的現象,形成所謂的塵罩現象(dust dome effect),這使得都市上空常有一層圓頂狀的灰煙氣團罩著,使都市中的日射量降低、居住環境衛生條件下降、空氣污染更加嚴重。

根據過去的實測研究,台灣大小都市鄉鎮的都市熱島強度甚至高達3～4℃,再根據台電的統計,外氣溫每上升1℃,建築空調耗電量約上升6%的資料來計算,夏季都市中心的空調設備耗電量,比郊外高出約四分之一,都市溫暖化效應有如火上加油。為了應付炎熱的都市氣候,家家戶戶更加速使用空調、加速排熱,造成都市更加高溫化的惡性循環。

都市高溫化不但造成人類居住環境的惡化,也導致生態環境的混亂。例如日本大阪的梅田難波地區,因為都市熱島效應的影響,造成繁華街道邊的花朵在春天比郊區提早一個星期綻放,

都市熱島效應及在其上空形成的塵罩

都市的蚊蟲也提早出現，屬於熱帶的蟬也提前報到，其族群數量更是節節上升，嚴重威脅到其他蟬類的生存。

又如墨爾本市中心的氣溫由1950年後逐年上升，結霜天數逐年下降，降雨量也隨之增多，使得原本為游牧性的東部「灰頭飛狐」（grey-headed flying-fox），變成整年賴在皇家植物園不走的定居者。另外，在一項美國鳳凰城都市化與溫暖化的研究中，發現都市溫暖化造成了病原分布擴大、農業害蟲與節肢動物增加，進而造成殺蟲劑的使用量上升，對環境生態造成更大殺傷力。

生態教育示範的「野生花園」

水循環設計最引人注目的焦點，莫過於在屋頂上打造的「諾亞花園」，它是有一大片五彩繽紛的「野生花園（wild garden）」。所謂「野生花園」，就是一種節水、低維護、不施肥、無農藥、模仿自然演替的粗放花園。

這「野生花園」的實驗是林怡君老師精采的博士論文，她想完成一個可在台灣作為生態教育示範的野生屋頂花園，因為現在市面上流行的屋頂花園太過於人工化，不是草花草坪，就是薄層綠化，多是一些又耗水又有農藥污染的景觀，根本違反植物生態原則。

她花了兩年的戶外實驗，由十數種耐旱植物中，篩選出九種耐瘠、耐風、耐鹽、耐污染的多年生本土草灌木，來建構此「野生花園」。這些草灌木包括多肉植物類的彩虹竹蕉、錫蘭葉下珠、彩虹棒蘭、黃邊短葉虎尾蘭、迷你麒麟花，以及非多肉型植物的黃金露花、矮仙丹、翠竹草、馬櫻丹。在色彩計畫上，

諾亞花園
Noah Gardens

「諾亞花園」的花草都是
耐瘠、耐風、耐鹽、耐污
染的多年生本土草灌木

「諾亞花園」全貌

「諾亞花園」是易於維護與管理的

我們特選出紫、黃、綠、紅、粉紅等五顏六色的草灌木，編織出一大片井然有致的彩色大衣。

我們採用「儲水槽式組合花盆」，有著人人扛得動的重量。不論任何人、任何屋頂或陽台，用此花盆就能自由組合成任何形式的花園，其組合後的花園看起來像是一片連續不斷的綠地。由於是組合式花園，一叢植物死了，只要整盆植栽換掉即可，不必挖土、移除、再種，不會把花園搞得很亂，既乾淨又好維護。尤其台灣的屋頂施工常有漏水之虞，此組合式花園永遠不怕被誣賴為漏水的元兇，一發現漏水，只要移走花盆即可抓漏，無損花圃，也不傷屋頂結構，這優點可讓很多人放心進行屋頂綠化。

減緩都市熱島效應、節約空調耗能，當然是屋頂綠化最被期待的功能之一，我們的熱流實驗當然也證實了此事。農學出身的怡君，做起工程實驗毫不馬虎，她兩年來對九種植栽在屋頂樓

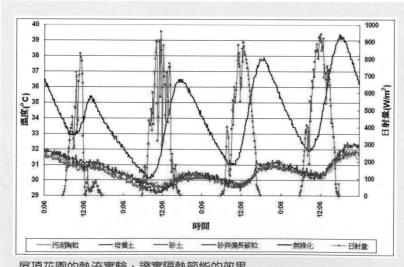

屋頂花園的熱流實驗，證實隔熱節能的效果

版的熱流解析發現：不論何種植栽或土壤，在盛夏之日，當室外氣溫變動在7～10℃之條件下，此屋頂花園可讓屋頂層樓版表面溫度變動維持在3℃以內，證實對於室內降溫有優越的效果。在南台灣，強烈太陽照射下的屋頂表面可到達70℃以上，經過此屋頂花園冷卻後，屋頂樓版室內最高表面溫度可維持於32℃以下，亦即頂層空間全年幾乎可不用空調，可減少莫大的空調耗電量。

屋頂花園節水的秘密

為了推廣具有水循環功能的屋頂綠化，我們採用兩種薄層儲水綠化工法，一種是以「淤泥再生陶粒」為土壤的組合花盆，另一種是「儲水槽式組合花盆」，它們都有優異的儲水保水能力，足夠提供耐旱植物約二至三週的供水，是典型的水循環式屋頂花圃設計。

「淤泥再生陶粒」組合花盆是當代景觀公司的產品，是以陶粒孔隙吸水的方式，來維持保水抗旱的功能。「淤泥再生陶粒」是先將水庫淤泥或污水處理廠污泥研磨成粉末，再混合稻殼後，燒製成輕質陶粒，具有30％的孔隙率，亦即有很高的吸水率。每下一陣雨或滴灌一次水，這些陶粒就像嬰兒紙尿布一樣吸滿水，並讓這些耐旱植物持續一週不澆水而存活良好。

「淤泥再生陶粒」同時具有不風化、不分解的特性，它不像一些有機土壤有分解消失的現象，可永保屋頂園藝免於填補土壤的麻煩。這些特選的耐瘠、耐旱、耐鹽植物，剛好在這貧瘠、耐分解與多孔隙的陶粒上長得又慢又強韌，讓最外行、最懶的人都可照顧出又好又壯的花園。

「儲水槽式組合花盆」是寶銳企業所捐贈的第二代產品，上層可種植任何種類的薄層綠化植物，底層有5.3公分的連續而獨立的儲水槽，具備「儲水抗旱」及「水滿溢流」特性，每平方公尺面積可具備15,000c.c.的儲水功能，其儲水槽上半部彼此相通，水可平均流動均勻分布所有底盤，儲水槽以塑膠板隔開上層土壤，可防止植物根系泡水腐爛，能徹底貫徹花圃水循環利用的偉大發明。

可開坦克車的透水鋪面

由於都市的人車交通使土地變得堅硬不透水，即使是人工透水鋪面，其孔隙也常受到青苔、泥沙之阻塞而難以透水，因此在都市環境執行水循環設計是一項艱鉅的挑戰。然而，你一定不敢相信，在「綠色魔法學校」旁的大馬路廣場所採用的透水工法，竟然可讓大地堅固得可以開上坦克車，但又可以透水如沙灘、透氣如天然林地中的沃土，簡直是人與水共生的魔法。

此魔法為齊祥工程公司所捐贈的JW生態工法，其原理是在道路級配基層上鋪以15公分的夯實礫石層後，再鋪上一層約20公分高以回收塑膠所做成的加勁格框，然後打上混凝土成為堅固的PC版式結構。

這加勁格框配合鋪面圖案有花紋、方格等各種形狀。以方格形而言，為每10公分的方格圖案，在方格點上以「直管型」與「下寬上窄型」的塑膠通氣管交叉排列，通氣管之開孔以孔蓋貼紙黏住以防泥漿侵入，孔蓋貼紙在PC層凝固後被撕開，即露出一排排均勻分布的透氣導管。這些透氣導管與PC結構下礫石

淤泥再生陶粒
是廢棄物再利
用的多孔隙材
料（左圖為40
倍微觀照片）

以陶粒栽培植
物，植物根系抓
緊陶粒的情形

每平方公尺面積儲水
15,000c.c.的「儲水
槽式組合花盆」

層間充滿空腔，下大雨時可讓水源源不絕進入，有如地下伏流般快速補助地下水。

同時因為柏努力定律，只要有日曬與風吹，空氣會不斷由每一根「下寬上窄型」的通氣管排出，再由每一根「直管型」的通氣孔吸入地下空腔層，可讓整個地下土壤產生暢通的呼吸換氣作用，讓地下的微生物與無脊椎動物可以維持良好的新陳代謝活動。

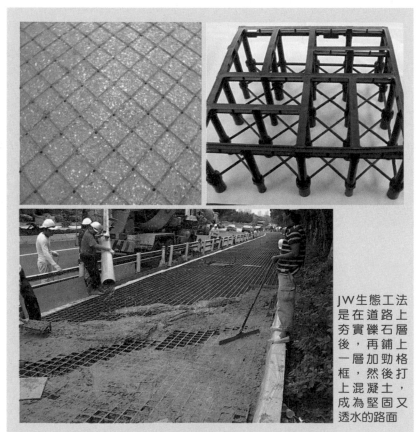

JW生態工法完成圖（左圖）

以回收塑膠做成的加勁格框（右圖）

JW生態工法是在道路上夯實礫石層後，再鋪上一層加勁格框，然後打上混凝土，成為堅固又透水的路面

試想，一塊鋼筋混凝土結構的人工地盤，「可開上坦克車，但卻透水如沙灘、透氣如天然林地」，是多麼神奇的魔法呀！我們曾在既有JW生態工法現場的實驗發現，此加勁格框可使路面的抗壓強度高達510～1980 kgf/cm^2，其網狀通氣管系統可使其透水率每分鐘超過200毫米，得到「可開坦克車、透水如沙灘」的保證；另外，也把一處施工六年後的JW生態工法路面挖開，發現下面布滿著穿梭如織的大王椰子細根，也揭示了「透氣如天然林地」的證據。我們的都市假如能全面採用此JW生態工法，就能讓大地水循環通行無阻，讓蚯蚓、微生物在都市中活動，讓重型交通與土壤生態共生，讓都市文明的罪孽降低。

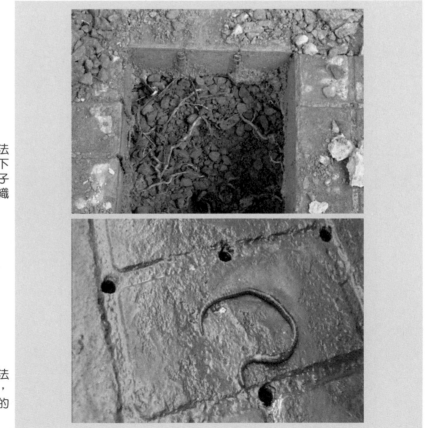

JW生態工法PC版式結構下可見大王椰子細根穿梭如織的生命力

以JW生態工法打造的路面，曾發現蚯蚓的蹤影

讓蚯蚓活躍在道路下

「　生物多樣性設計」是什麼？是一片亂中有序的動態生態
　　之美，蚯蚓能在道路下活動，「淑女蟲」能在窗簾、地
毯上捕食塵蟎，天上掉下來的水與人使用後的廢水，能生生不
息的淨化、過濾、循環，並滋養大地生命，這是人與生物共生
的設計，也是綠建築理想的生命動力。

「生物多樣性」是人類文明的基礎，現代人類的生活必需品，
由衣料、食物、家居物品至醫藥，均與野生生物有不可分的關
係。例如，現代文明所賴以維生的石油和煤，是來自千萬年前
捕獲了太陽能後死亡的生物；又如城鄉建設的水泥，則來自珊
瑚和海洋生物的殼和骨骼所形成的石灰石；另外如橡膠、紙、
殺蟲劑等許多自然生物之產品，長期以來支撐著人類的工業發
展。假如沒有多樣化的生物物種，那能產生燦爛的人類文明？

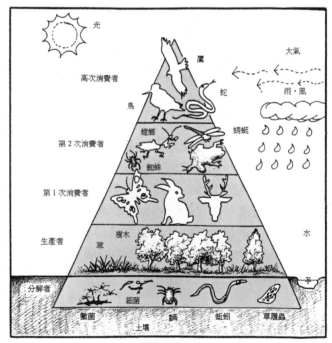

生態金字塔
的組成

然而，當今「生物多樣性」正面臨嚴重浩劫，世界衛生組織WHO警告說，全世界重要度較高的藥用植物，到二十一世紀將面臨全面消滅的危機。聯合國糧食農業組織FAO也警告說，地球75%的原生種穀物在本世紀之內已經消失，未來三十年內地球上的生物將有四分之一滅絕，我們的下一代也將因此面臨糧食的危機。缺乏「生物多樣性」的環境，象徵我們的子孫就少了一份生存的機會。

營造生物多樣性花園

生物多樣性設計主要在於顧全「生態金字塔」最基層的生物生存環境，亦即在於保全蚯蚓、蟻類、細菌、菌類之分解者、花草樹木之綠色植物生產者，以及甲蟲、蝴蝶、蜻蜓、螳螂、青蛙、蚯蚓等初級生物消費者的生存空間。過去許多人談到生態，就以為是要去保護黑面琵鷺、台灣彌猴或梅花鹿等樣版動物，殊不知生活於我們屋角石縫下的蟾蜍、蜈蚣，或長於枯樹上的苔蘚菇菌均是貢獻於生態的一環。

國人向來喜歡整齊畫一的行道樹、修剪乾淨的樹形、開闊的草坪、幾何排列的灌木叢、百花綻放的花海，原來這些都是生態上貧瘠的象徵。我們必須體認，真自然是自然演替與生存競爭的雜亂世界；我們必須學習去欣賞雜亂中的動態美感，競爭中的生命讚禮。

「綠色魔法學校」沒有綠草如茵、百花怒放的花圃，也沒有爭奇鬥豔但卻耗水又污染的草花植栽牆，而是落實土壤、水文、植物群落等生物基盤的小生物棲地（Biotop）營造。地球只有一個，地球上的生物就如同乘坐在一艘「諾亞方舟」一樣，有共

生共榮的命運。在「諾亞方舟」上，必須尊重、容忍多樣而雜亂糾葛的生態系、物種、基因，我們不應替代上帝或神明，嚴重排斥不喜歡的蟾蜍、蜈蚣，也不應該以人類的偏見去過分整理自然。別看不起路邊的野花雜草，何不蹲下來欣賞在其四周忙碌於搬運、挖洞的昆蟲呢？

「綠色魔法學校」的「生物多樣性設計」並非什麼偉大的「生態創造」理論，亦非創造一個完全符合生態鏈下的自然生態，而只是要求降低、減緩一點生態破壞，希望以「生態療傷」的心情來矯正一下過去人類對自然的「霸權心態」而已。

【 綠 技 術 · 綠 建 材 應 用 】 小 索 引

1.水循環設計

綠建築的水循環設計，尤其強調土地涵養水分及貯集滲透雨水的功能，讓土壤保有豐富的微生物活動潛力。例如，雨水全面收集進入地下水池後，再打上屋頂的雨水槽作為沖廁之用；而且，無論是被用過的洗手水或是廁所污水，經過化糞池與人工濕地處理後，再經碳粒過濾後納入地下儲水槽，就可以作為澆灌庭園之用。從飲用水、洗手水到雨水，每一滴水都不浪費，幾乎形成一種「零排放」的生態水循環。

2.野生花園

「野生花園」（wild garden）是一種節水、低維護、不施肥、無農藥、模仿自然演替的粗放花園。

3.屋頂綠化

減緩都市熱島效應、節約空調耗能，屋頂綠化是最被期待的功能之一。以「綠色魔法學校」的屋頂綠化為例，經由熱流實驗證實：不論何種植栽或土壤，在盛夏之日，當室外氣溫變動在7～10℃之條件下，可讓屋頂層樓版表面溫度變動維持在3℃以內，對於室內降溫有優越的效果。

4.淤泥再生陶粒

淤泥再生陶粒，是一種從水庫淤泥或污水處理廠污泥，研磨成粉末，再混合稻殼後，燒製成輕質的陶粒，吸水性高、不風化、不分解，很適合成為園藝的資材之一，因此可以不必補充土壤，還能減少澆水次數，省事又省水。

5.儲水槽式組合花盆

「綠色魔法學校」的儲水槽式組合花盆，上層可種植薄層綠化植物，而底層有5.3公分的連續而獨立的儲水槽，具備「儲水抗旱」及「水滿溢流」特性，每平方公尺面積可具備15,000c.c.的儲水功能，其儲水槽上半部彼此相通，水可平均流動均勻分布於所有底盤；另外，儲水槽以塑膠板隔開上層土壤，可防止植物根系泡水腐爛，是徹底貫徹花圃水循環利用的發明。

6.JW生態工法

JW生態工法的原理，是在道路級配基層上鋪以15公分的夯實礫石層後，再鋪上一層約20公分高以回收塑膠所做成的加勁格框，然後打上混凝土成為堅固的PC版式結構。此加勁格框可使路面的抗壓強度高達510～1980 kgf/cm^2，其網狀通氣管系統可使其透水率每分鐘超過200毫米，得到「可開坦克車、透水如沙灘」的保證。

7.生物多樣性

生物多樣性是人類文明的基礎，現代人類的生活必需品，由衣料、食物、家居物品至醫藥，均與野生生物有不可分的關係。例如，現代文明所賴以維生的石油和煤，是來自千萬年前捕獲了太陽能後死亡的生物；又如城鄉建設的水泥，則是來自珊瑚和海洋生物的殼和骨骼所形成的石灰石。唯有維護生物多樣性的環境，才能確保人類文明於不墜。

8.生態金字塔

生物多樣性設計主要在於顧全「生態金字塔」最基層的生物生存環境，亦即在於保全蚯蚓、蟻類、細菌、菌類之分解者、花草樹木之綠色植物生產者，以及甲蟲、蝴蝶、蜻蜓、螳螂、青蛙、蚯蚓等初級生物消費者的生存空間。

綠建築
傻瓜兵團

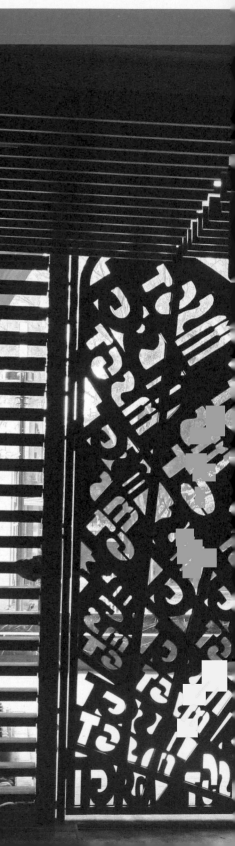

不論是節能65%，或是生物多樣
性設計，都是令人興奮的，但是
「綠色魔法學校」並不在乎這些
表面的科技成就，而是另外有
一群「綠建築傻瓜兵團」，在
此共同編織一個拯救地球的「美
夢」，才是彌足珍貴之處。甚至
讓你我會覺得：世界上好人真
多，尤其當你開始做好事之後，
會發現更多的好人。

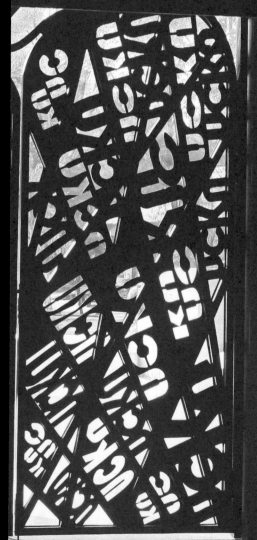

05

學術界「顏回」、流體力學鬼才——周榮華教授

傻瓜兵團的第一位大傻瓜，就是打造上述通風塔、灶窯通風的流體力學鬼才，成大工程科學系的周榮華教授。

周榮華教授是我最尊敬的學者之一，也是長期以來我研究室在通風研究上的導師。他有如愛迪生般，只知研究，不知享受人生，甚至幾乎是一個生活白癡。二十年前，幾乎所有教授都爭取購買比市價低五成的新建教職員住宅大樓時，周教授卻放棄其最優先承購之權利，而選擇了一棟又小又破舊、乏人問津、永無改建機會的透天宿舍，只是因為它近學校，可以走路上研究室而已。

他兩袖清風，以校為家，天天跟學生混在一起，連晚上也到實驗室來。他沒有電話、沒有手機、不交際、不受招待，因為這樣可以不受干擾而專心研究。我常在高鐵或機場碰到他，常看他穿著洗得起毛的襯衫與平價的夾克，南北奔波出差，卻永不改其輕鬆愉快的節奏，令我肅然起敬。

永遠輕鬆衣著、兩袖清風的周榮華教授，在流體力學與數理統計的功力無人能比

大約是十年前吧，周教授以風洞研究之訪問學者，待在英國劍橋大學一陣子。我剛好要到蒙佛特大學（De Montfort Univsity）大學去拍攝機械工程大樓Queens Building的通風塔設計，順便去劍橋大學打擾他兩晚。我見他生活極為簡單，每天到學校研究而不太遠行。他天天從市場買來最便宜的菜，把所有東西都丟入一個鍋子煮成滷肉菜，以此解決訪問期間所有吃飯的瑣事。

在離開英國前的最後一晚，我邀請他去一家「Indian Restaurant」吃印度菜，他回答說：「印地安菜？印地安菜怎麼會好吃？」天啊！他留學美國那麼久，竟然連印度餐館都沒去過，才會把印度餐館當成印地安餐館。吃飯時，周教授還一直暢談他發現的聲納理論，想要把它貢獻給國家，以防止共軍潛艇侵台……。我見到了一個陶醉於學術研究的「顏回」，如今，我每次上餐館吃飯時，都覺得有些汗顏。

周教授指導我許多學生，用了許多他的材料設備費用，我想移一些自己的研究費給他，都被婉拒，他說：「這些都是納稅人的錢，幹嘛要你給？」他幫我指導的學生寫出好論文，但都不居功，拒絕掛名論文上。坦白講，最大貢獻者是他，他不掛名，我更無臉掛名，因此我都強制學生論文掛他的名字。

「左手做的善事，不要讓右手知道！」就是他的哲學，有次聽他說：「其實我的想法都是媽媽教的。小時候家中窮，種田維生，而農家一向節儉，每當農作物收成時，都會盡量收得很乾淨，但不識字的媽媽都叫我們不要收割得一粒都不剩，要留一些給隔壁的鄰居拿，我很疑惑，何必那麼麻煩？為什麼不要等到收成後，再將裝好成袋的花生、玉米，直接送給他們呢？媽媽說，這樣做會讓人感覺到是你在『施捨』。我第一次看到米勒的畫作『拾穗』時，非常震驚，因為那畫面跟媽媽講的情形

很相似，地上有許多穗，要留一些給其他人可以撿。」這一番話，常讓我省思：「何時我曾故意掉下一些穗給別人呢？」

周教授在流體力學與數理統計的功力真是無人能比，至少我這門外漢都聽懂他對氣流的分析，可見其出神入化的境界。二十五年前，中央氣象局花很多錢請美國顧問設計建造了一個風洞實驗室，卻中途出狀況而無法完成，最後還是由周教授以極低的經費把它搞定，令人不得不欽佩。

他常告誡我要相信人對風的直覺，不要迷信流體動力學分析（CFD）的模擬結果，與實際體驗相違背的科學是不可信的，此話至今令我記憶猶新。我曾指導了五、六位博碩生從事流體動力學分析的相關研究，背後要是沒有周教授，我根本無法完成。建築系學生的數學與流體力學是其爛無比的，但經周教授調教之後都變得很有興趣，其中有一位還因此遠赴英國去攻讀風工程的博士學位。

我為內政部建研所所建立的都市熱島、微氣候、綠建築的通風相關評估方法，連同這次「綠色魔法學校」在中庭、國際會議廳、博物館的流體動力學分析與風洞實驗，無一不是出自周教授的手。更重要的是，周教授可從高深的通風專業角度跟我討論建築美學設計的問題，使所有通風路徑、通風開口、通風塔的造型機能均展現最美的一面。

其中，以一個令我最擔心的通風塔防颱防雨設計為例，周教授根據柏努力定律（Bernoulli's Theory）「流速與壓力成反比」的原理，指導我設計了一個好像洞簫的雙斜面吹口作為通風塔的造型，內部再以一個斗笠頂與百葉板把風雨導出室外，讓縮流效應把室內熱流快速抽出，而不怕風吹雨打的威脅（見第145頁）。

1.「綠色魔法學校」
　的崇華廳（右）和
　亞熱帶綠建築博物
　館（左）的兩個通
　風塔

2.通風塔的內部百葉
　板實景

3.崇華廳觀眾席下的
　進風口

4.崇華廳風道東向的
　進風口

5.崇華廳主席台的進
　風口

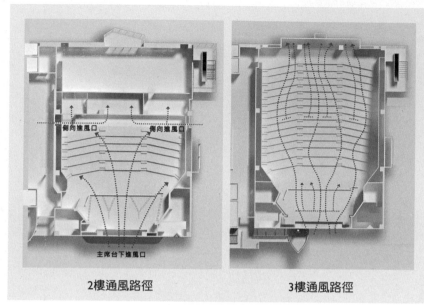

側向進風口　　　　側向進風口

主席台下進風口

2樓通風路徑　　　　　　3樓通風路徑

「崇華廳」的通風路徑示意圖

另外，以「崇華廳」的通風設計為例，除了主席台下的外氣進口，我在中間觀眾席下又設計了一個通風道，想由兩側引進更多的外氣，但經過流體動力學分析模擬發現：此中間氣流會干擾由主席台來的穩定層流，在中間出口處產生亂流，使後半部觀眾席部分的風速降低，這使我想取消此風道的設計。

後來，周老師的建議給我們很大的啟示，他說：中間風道的外氣雖然使後半觀眾席的風速減緩，但減緩比例有限，其增加的外氣通風量卻可使室內有更充足的新鮮空氣環境，因此應維持原設計才好。此明智的眼光，令我們這些見樹不見林的人恍然大悟，原來大師出手就是不同凡響。

通風又防雨的通風塔設計

通風是一門深奧的流體力學理論，但也是一種造型藝術。我們並不一定要完全理解流體力學原理才可從事通風設計，只要從過去傳統建築的通風塔設計或現代工廠的通風器造形即可體會通風設計的藝術。

在此有一通風原理，值得特別注意：當風從較寬廣的空間流至較狹窄的空間時，由於流通的斷面積減小，造成氣流加速的現象稱為「縮流效應」。「縮流效應」根據柏努力定律（Bernoulli's Theory）「流速與壓力成反比」的原理，在高風速之狹窄處，空氣壓力會急遽下降，假如在此處設置垂直風向的孔隙，即會產生強大的抽風效果。「綠色魔法學校」的通風塔就是利用此原理設計的，它的開口內切有如吹笛口，水平風速在此會瞬間加速，並產生強大抽風力量，把底層的空氣快速吸出，有如吹肥皂泡沫或噴香水般，快速橫向吹氣就可把瓶子內的液體噴出瓶口。

然而，通風塔在多雨颱風的地區有漏雨、淹水的困擾，通風塔開口部的「防風」、「防雨」與「通風」是三難的設計。「綠色魔法學校」的通風塔內有遮雨頂與百葉板，外包保護板，可把風雨阻擋於外，即使風雨進入通風器頂端，也被導流進入兩旁而再被排出外面，可說是一種只出不進的通風器。本通風塔在2010年凡那比颱風的狂風暴雨侵襲下竟然能滴水不漏，令我們鬆了一口氣。

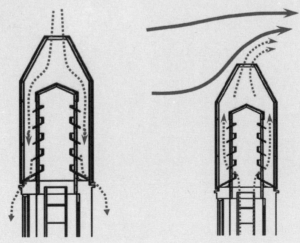

通風塔內部
百葉板及排
水與通風示
意圖

伊朗民宅通
風塔、台大
醫院通風
塔、瓜地馬
拉某古蹟通
風塔

台南長榮女
中通風塔、
美國Napa
某酒莊通風
塔、英國某
近代建築通
風塔

西班牙高地
設計民宅之
通風塔、伊
朗水井通風
塔

146 綠色魔法學校

德國漢諾威
市政廳及
「綠色魔法
學校」的通
風塔

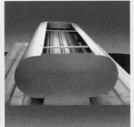

現代工廠搖
頭型通風器
與屋脊型通
風器

現代工廠通
風器

發明神奇的 **JW** 生態工法——泥水匠陳瑞文

第二位大傻瓜，就是捐贈那一片「可開坦克車、透水如沙灘」的道路給「綠色魔法學校」的傳奇人物，台灣發明王陳瑞文。

出身於泥水匠的陳瑞文，從小就好奇心重，經常有些創意點子，促使他對發明產生濃厚的興趣，如今已擁有幾十項專利發明。他發明的JW生態工法，已獲得2003年台灣金頭腦獎及第31屆瑞士國際發明展金牌獎及「大會特別獎」、義大利國家特別獎，以及新加坡發明展的「金牌獎」和「大會特別獎」，2004年美國匹茲堡國際發明金牌獎、韓國國家特別獎等超過十項世界性大獎的最高榮譽，同時取得台灣、中國、日本、美國、澳洲、歐洲共同市場等數十國之專利。

更不可思議的是，這位小學畢業、口齒不太伶俐的發明王，竟然能讓許多博士、教授、官員衷心佩服，才是一大奇蹟。記

台灣發明王陳瑞文先生與他
所發明的JW生態工法

得，陳瑞文第一次拿著JW生態工法的資料來拜訪我時，說要治療大地母親的病，其粗獷的鄉土國語雖然不太順暢，但卻令我佩服其物理知識的出神入化。

我相信連大學物理教授都無法像他一樣，可以把許多簡單的物理常識理解得那麼深，更將之變成無所不在的神奇發明。例如，我看過他發明的一部混凝土鋪面「紙模板機器」，同時可生產多種花樣的「紙模板」，因為花紋多、成本低，所以極為暢銷。我又看到他把金箔混入拜神的「香」內，命名為「五行黃金香」，銷售到各地廟宇及家庭，果然引起廣大虔誠信徒的搶購。燒此香兼具燒金紙的意義，可誘導民眾不必再焚燒大量金紙，可收到環保的目的。

他的JW生態工法，簡直就是一群建築土木教授長期夢寐以求的魔法，這讓我省思：一個脫離大學正統教育的泥水匠變成一個發明王，現在又能投身拯救地球的行動，就豈非人類最尊貴的潛能？自從認識他以來，對他又尊敬又佩服，因此我常不惜忙碌，盡量支持他所有天真的活動，包括他所主持的台灣永續生態工法發展協會。

過去我不解的是，為何有許多鼎鼎大名的大學教授、大學校長、中研院研究員、政府官員，可以自動自發地聚在他旁邊，耐心聆聽他的JW生態工法，幫他作實驗，幫他開研討會，為他的專利背書。現在我終於理解，原來大家與我一樣，尊重這份科學赤子之心，也珍惜這份地球之愛。JW生態工法的陳瑞文，令我對大學教育深切反省，也讓我對拯救地球的希望更加樂觀。

會淨化空氣的 JW 生態工法

JW生態工法除了能透水如沙灘之外，更不可思議的是，可吸附汽機車排放的廢氣，具有淨化空氣的功能。由於JW生態工法有密集的通風管，當日曬所產生的氣壓差，或是吹風所產生的縮流效應，便會產生暢通的氣流循環，因此可將交通車輛的排氣吸入地下礫石層，達到淨化空氣的效果。

汽機車排氣所含的一氧化碳（CO）、一氧化碳（CO_2）、一氧化氮（NO）、氧化亞氮（NO_2）、二氧化硫（SO_2）等污染物，經過JW生態工法下礫石層表面形成的微生物膜的吸附、分解，可轉化成水分、有機質，甚至變成細菌的養分。

台灣大學全球變遷研究中心主任柳中明教授，曾針對一個完工六年的JW生態工法鋪面與其旁的非JW工法鋪面（連鎖磚路面），將汽車排氣貫入路面上一個塑膠帆布圍繞的空間內，進行排氣污染物濃度的吸附實驗，發現JW工法鋪面對於汽車排氣之污染物濃度值可減少40%～78%，簡直是地球環保的一大福音。

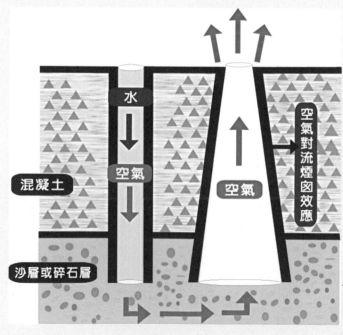

JW生態工法鋪面的氣流循環原理

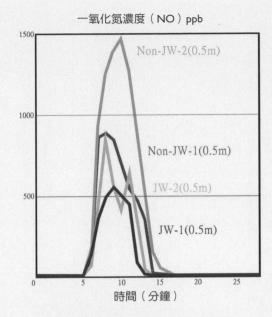

一氧化氮濃度（NO）ppb

Non-JW-2(0.5m)

Non-JW-1(0.5m)

JW-2(0.5m)

JW-1(0.5m)

時間（分鐘）

JW鋪面直接減少排氣一氧化氮（NO）
污染濃度約40%

一氧化碳濃度（CO）ppm

Non-JW-2(0.5m)

Non-JW-1(0.5m)

JW-2(0.5m)

JW-1(0.5m)

時間（分鐘）

JW鋪面直接減少排氣一氧化碳（CO）
污染濃度約70%

表 **JW路面與non-JW路面汽車排放廢氣5分鐘內最大濃度實驗數據**

在排放廢氣5分鐘內最大濃度						
空氣污染物	CO (ppm)	CO_2 (ppm)	SO_2 (ppb)	O_3 (ppb)	NO (ppb)	NO_2 (ppb)	NO_x (ppb)
JW工法	13.3	1,824	11.1	20.8	705	58.4	753
非JW工法	46.3	3,887	28.9	12.0	1,181	261	1,406
排放廢氣5分鐘內最大濃度比 （JW工法／非JW工法）						
空氣污染物	CO	CO_2	SO_2	O_3	NO	NO_2	NO_x
比例	0.29	0.47	0.38	1.74	0.60	0.22	0.54

說明：1.平均基準值 0.5m。

2.1 ppm (parts per million)$=10^{-6}$也就是百萬分之一的濃度；1 ppb (parts per billion)$=10^{-9}$也就是十億分之一的濃度。

讓淤泥再生的傻小子——周宗毅

第三位大傻瓜，是抱著環保狂熱，為了推廣上述「淤泥再生陶粒」而虧本連連的傻小子——周宗毅。

我認識周宗毅，是在2007年的一天晚上，當時我在成大國際會議廳演講「綠建築」，提及「綠色魔法學校」的屋頂花園，計畫採用一種底部充滿小空間的花盆，可暫時貯留雨水，以便在雨後減少澆灌而節水。這時，這小伙子舉手問我說：「貯水型花盆會不會很貴？使用時是否有滋生蚊蟲的危機？」令我印象深刻。

周宗毅由成大土木系碩士班畢業後，原來在一家工程顧問公司上班，在其從事公家機關的工程設計中，正面臨台灣生態工程的熱潮，深知土木工程非以生態建材為基礎不可，因此辭職回到土木系黃忠信教授的博士班下，進行「淤泥再生陶粒」之研究。

在陶粒種植的草皮前的周宗毅

後來，周宗毅發現「淤泥再生陶粒」之奧秘後，等不及完成博士學業，就把自己僅有的積蓄投入生產「淤泥再生陶粒」之中，期待將學術研究成果成功地運用到產業界中量產。不料他涉世未深、投資公司的營運資金慘遭挪用，再加上綠色建材的市場未開，想不到第一年就虧光了投資的兩百萬台幣，幾乎把前幾年上班的積蓄賠光。

然而為了台灣的在地環保，他又找到金主把公司改組後，繼續投入「淤泥再生陶粒」的生產事業中，一心只期待爭取到工業局和環保署的廢棄物再利用許可，將台灣的事業廢棄物調製成陶粒原料的添加副料，大幅降低國內陶粒生產成本，與中國湧入的低價陶粒競爭。

我聽從其建議，把昂貴複雜的貯水型花盆改成最簡單便宜的一般花盆，以高吸水型的「淤泥再生陶粒」作為土壤，發揮了強大的保水功能，建構了一個又保水又環保的「野生花園」。

淤泥再生陶粒所做的輕質鋼筋混凝土板具有良好的隔熱性能（圖為廠商的隔熱燃燒實驗）

「淤泥再生陶粒」不但是一種廢棄物再生的環保建材，也是一種超輕量的隔熱材，有一家公司已利用低吸水型的「淤泥再生陶粒」做成「預鑄輕質鋼筋混凝土板」。我知道之後，立刻將它設計成「綠色魔法學校」的內部隔間牆，以達到廢棄物再利用與結構輕量化的雙重目的。

周宗毅向我表示，想要說服其公司，捐贈「淤泥再生陶粒」給「綠色魔法學校」以共襄盛舉，但我知道這對於尚在虧本的他，簡直是打腫臉充胖子的舉動，因此我拒絕了他的捐贈。然而，我卻另外找來「宏遠興業」的葉總，以正常價格向他買了幾十立方公尺的「淤泥再生陶粒」，完成了一個防蚊蟲滋生、防串根、保水、節水、低維護、廢棄物再利用的「野生花園」。

捐 1% 給地球的葉清來總經理

對「淤泥再生陶粒」拔刀相助的葉總，就是一個標榜環保紡織業的「宏遠興業」葉清來總經理，是「綠色魔法學校」的第四位大傻瓜。

葉總以公司之名，對「綠色魔法學校」慷慨捐贈了屋頂與基地內的生態園藝，一共1,000平方公尺左右的「野生花園」，同時也捐贈了地毯、窗簾等所有與紡織相關的生態產品。你一定不能理解，為何一個紡織業者會不惜重金，大力支持「綠色魔法學校」吧？葉總就像本書所提及的人物一樣，對地球環保可是玩真的，並不是唱唱高調而已。

我認識他是很突然的事。2007年夏天某日，他透過成大一位教

授介紹，帶了一群高階主管來成大建築系拜訪我，向我請教宏遠興業公司要進行永續發展模式的事情，我慌忙地接待他們，也不知如何能幫一個我完全外行的紡織廠。沒想到他手中竟然拿著我《城鄉生態》、《綠色建築》之拙作，書上畫滿了標線，以及密密麻麻的註解與心得。

我事後才知道，葉總已閱讀完我所有的出版物，感動地要推行公司的生態改造，同時已經通令台南、上海、曼谷三廠的幹部必須在週六視訊會議中研讀我的書，令我既感動又尷尬。後來，我幫他們改善了染整廠的自然通風，以及辦公室的外遮陽與通風環境，又幫他們設計一座美麗的生態庭園，因而增益了整個工廠的永續發展模式，獲得宏遠公司上下的信賴。

1997年亞洲金融風暴，宏遠興業趁機前進泰國廠建廠。當時迷信全球化趨勢的葉總，還完全不知生態是何物，竟下令將廠前一片野鳥棲息的雜樹林砍除，將之改造為最平整的草坪與草花花圃；想不到，在2007年他卻完全變了一個人，竟然把宏遠興業台南廠前一大片柏油停車場打除，全面改造成生態水池花

坐於宏遠興業生態水池邊的葉清來總經理

園。現在，他常以贖罪的口氣說：全球化的粗暴，傷了地方文化，傷了在地產業與弱勢人民，企業家非勵行社會正義與環境保護不可。他的轉變，正凸顯出現代知識份子對於地球環境危機的焦慮。

2007年，他啟動「宏遠永續發展模式（Everest Sustainability Model, ESM）」以來，下令改造台南廠所有製程設備的節能效率，把熱能回收再用，把燃油蒸汽鍋爐改為高效率環保燃煤鍋爐，利用鍋爐煤渣製造再生環保磚。更徹底的是，他看了我倡導自然通風的理論，驟然關掉廠內所有空調冷氣設備，並在工廠兩側裝上巨型送風機，全面改用對流通風來降低廠內溫度。

他自己發明了一種以廢棄布條做成的水簾空調機，利用小動力風扇，以負壓引入水簾布條上的汽化冷氣，讓大部分室內空間處於大致舒適的範圍。在兩年內，他把以前又熱又濕的宏遠興業台南廠，打造成一個完全綠化、零污染排放的生態工業園區。這些行動，使宏遠興業在2007年節能20%，在2008年再節能10%，一年省了好幾千萬元。

如今，他儼然是一個激進的環保份子，他以麥克・布朗嘉（Michael Braungart）教授早期把自己綁在工廠煙囪上抗議污染，到後來變成《從搖籃到搖籃》的環保治理英雄為榜樣。他同時推崇環保戶外運動休閒產品Patagonia公司的老闆Yvon Chouinard，因為Chouinard喜好登山活動而從事登山產品事業，在長期登山中察覺野生動物日漸稀少而激起保護地球的理念，同時因為開發運動衣而發現紡織棉花使用大量農藥，導致農田不見飛鳥，於是開始生產完全有機棉的運動衣、無氯的有機羊毛衣。宏遠興業是Patagonia的供應商，他們的環保心路歷程似乎很相像。

宏遠興業台
南廠辦公室
前原來一大
片的柏油停
車場

宏遠興業台
南廠由柏油
停車場改造
成生態公園

從2001年，Patagonia發起「捐1%給地球」（1% for the Planet）計畫，爭取700多間企業、1,400多個環保團體加入計畫，建構平台讓企業可以贊助環保團體。Chouinard的一句話：「在死亡的星球上，沒生意可做。」深深打動葉總的心，讓他毅然投入有機纖維、天然纖維、回收纖維等環保生態產品。這一次，他捐給「綠色魔法學校」的生態紡織品包括：以回收尼龍製造的國際會議廳地毯、以回收寶特瓶製造的會議室窗簾。

記得，當時我去跟葉總勸募「諾亞花園」時，他問我：「全部花園工程要多少錢？」我很不好意思地回他說：「大約兩百萬，要不要我去向董事會報告？」他立刻說：「這小錢由我決定就好，您當我的顧問，每年幫宏遠興業省了三千多萬，我為什麼不能捐給您兩百萬？」令我十分感激。他另外也捐款給濕地保護聯盟、荒野協會、台灣綠建築協會等，這也許就是他響應Patagonia公司的「捐1%給地球」之行動吧。

另外，葉總也強制所有幹部認養園藝，進行生態義務勞動，2009年又建置「宏遠自然蔬果教育農莊」，特地請「秀明自然農法」理事長陳惠雯女士與生態工作者阿善來教育員工進行「自然農法」與生態營造（見第159頁）。剛開始，許多人只是半被動地配合演出，但到後來，大家都恨不得每天早點下班去照顧自己辛苦栽種而天天茁壯的蔬果。如今，有些宏遠興業員工生活態度與飲食習慣已開始改變，變得不喜歡吃肉，處世也較為豁達、開朗。負責教育訓練的高錦雀特助，宏遠興業的第二號靈魂人物，已成為濕地復育、自然農法的箇中高手，經常受邀到處演講。她現在最大的心願，就是希望退休後能夠有一塊農地，以從事她最愛的自然蔬果耕作。

「自然農法」讓土地發揮本來的力量

二次世界大戰以後，人類開始濫用化學肥料和化學農藥，雖然短期內增加了農作收成，可是漸漸地土地已經種不出東西，或只能種出有毒的東西。人類為了節省時間與大量生產的化學農業，卻摧毀了整個大自然的生態環境，也讓土壤瀕臨死亡，讓人類喪失安全健康的食物來源。為了挽救此農業危機，而有自然農法的出現。

自然農法首重氣候，倡導人類不要違逆天氣節令，而是順著節令栽種，順著地形耕作。自然農法不只是把化學肥料改為有機肥料，或把化學農藥變為天然農藥而已。化學肥料與化學農藥只會改變土壤的生化結構，減少微生物，使土壤瘠化、石化而已，但有機肥料與天然農藥也會傷害土壤。自然農法最重要的是要認識土壤，讓土地保持活性，用潔淨的土、乾淨的水、適度的陽光這三元素，加上生產者感謝、尊重自然的心，來培育作物。自然農法關於病蟲害防治，力求尊重自然生物鏈關係，以昆蟲、作物、土壤、細菌的自然生態法則，以相生相剋的方式來減低病蟲害。

現代自然農法，又稱MOA自然農法，源自岡田茂吉（1882～1955年）。岡田茂吉在日本東北地區發生大寒害之後，1955年為了救濟農家自己拿起鋤頭開墾，在東京的上野毛（現為東京都市田谷區）開始栽培作物。他一開始使用化學肥料來栽培，卻未能順利進行，在實施學習自然以追求土地力量本質的「無肥料栽培」後才獲得成果。之後，為建立自然農法（自然農耕）的原理原則，訴求發揮土地本來的力量很重要，而不斷展開「破除肥料迷信運動」，另一方面也從事「農村天國」、「一產地一支部構想」，做為普及自然農法之一環。盛行台灣的「秀明自然農法」亦源自於此。

化腐朽為神奇，吳同發的廢輪胎世界

第五位大傻瓜，是一位傳奇人物——吳同發，把廢輪胎變成「綠色魔法學校」戶外人行道的鋪面，創造出「化腐朽為神奇」的科技。

台灣每年一千萬個廢棄輪胎，排起來可以繞台灣四圈、堆疊起來的高度有3千座101大樓這麼高！廢輪胎再利用科技，不但可減少化石燃料的消耗及開採，並可防止廢輪胎積水導致登革熱病媒蚊滋生等環境衛生問題。

曾從事紡織印染、裝潢材料業的吳同發，其發明天分與毅力勝過擁有精密設備、鉅額國家資源的大學教授。過去輪胎原料無法染色，廢輪胎產品都是黑色，沒有人會喜歡，但他卻利用印染知識，以無毒染料把廢輪胎顆粒染色。

由於黏著輪胎顆粒的技術相當困難，過去德國的廢輪胎再生地磚，因怕破碎而只能做成平整方塊，但他發明樹脂化學添加劑

作者與吳同發先生（左）合影

的超強黏著科技，把廢輪胎地磚做成曲折變化、咬合能力佳的連鎖磚、植草磚。他的廢輪胎再利用技術，可讓橡膠再製品具備材質輕、高抗張強度、抗紫外線、不龜裂、不變質、無毒性、附著力強、彈性佳等特性，因此獲得德國紐倫堡發明展金牌獎、台灣國家發明展金牌獎等無數獎項。

初中學歷的吳同發，不但是台灣中小企業打拚精神的典範，也是對現代大學填鴨式教育的當頭棒喝。他對我這大學教授畢恭畢敬，卻讓我自覺慚愧。2010年4月，我到他屏東的工廠參觀，工廠很簡陋，但所有工作機械都是他的發明。他的廢輪胎產業毫無政府奧援，又遭中國劣質產品競爭，但他的佳芋橡膠科技公司卻依靠智慧發明，根留台灣，很有效率地生產，對台灣的環保貢獻很大。

他的左手掌在操作橡膠切割機械中被切斷了，但是現在已裝上義手，照樣操作所有工廠裡的機器。這情境相較於那些少納稅、享盡財稅優惠補貼，又動輒要脅政府要出走的大企業，真是天壤之別。

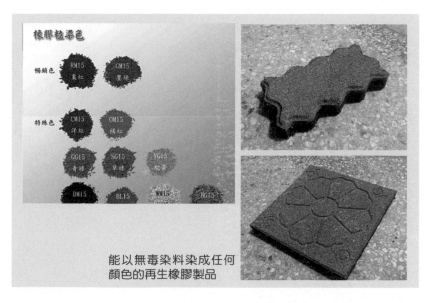

能以無毒染料染成任何顏色的再生橡膠製品

「備長炭」達人陳秋雄

第六位大傻瓜，則是「備長炭」達人——大雄雙漁公司的陳秋雄董事長。他捐贈了大約5,000公斤的「備長炭」（見第164頁），埋在「崇華廳」的自然通風道與夾層牆中，可防潮除濕，並大量吸附臭味、甲醛、甲苯以及環境賀爾蒙等有毒物質，使室內空氣永保清新健康。「備長炭」具有超大孔隙率，每公克之孔隙表面積高達 300平方公尺，相當於一個網球場的面積，可釋放波長4～14微米的遠紅外線，可活化人體細胞。

在東南亞生產「備長炭」，一起加入拯救地球行列的陳董，也是一位傳奇人物。他國中畢業後，隻身赴台北半工半讀完成教育，幹過酒店小弟，到馬來西亞做過漁貨買賣，由柬埔寨買汽車經越南賣入中國後，再由中國買雜貨賣入柬埔寨。

後來他發現過去虧欠環境太多，帶著上海妻子返台，毅然投入本土養生事業。近年來，他投身有機食物經營，並與高雄市生食療養協會王清滿理事長共同發願，推廣身、心、靈的健康養

要以「備長炭」救地球的陳秋雄董事長（左圖）

以磁場測試器測量磁場變化（右圖）

1.2.把備長炭
粉埋入地中以
改變地力

3.4.使用備長炭改良後的土壤，稻米與蔥都長得特別好

「備長炭」有益健康

備長炭是木炭的一種白炭。木炭依照燒製的溫度不同,分為黑炭和白炭。黑炭以400～700℃燒成,色澤黑,敲碰時發出沈悶的陶器音,易著火但燃燒不久。白炭則以1,000～1,200℃高溫燒製,出窯時覆蓋白色的消火粉,敲碰時發出鏗鏘的金屬音,不易點燃但持久,質硬如鋼,用鋸子也鋸不斷。

備長炭從中國傳入日本,在十八世紀「備中屋長左衛門」的商店打響知名度後,開始被稱為「備長炭」。「備長炭」使用馬目堅木燒成,炭質硬、比重大,硬度在15到20度之間,與鋼的硬度差不多,其碳元素含量可達93～96％。

備長炭以1,200度高溫燒製,水與硫磺的成分少,燃燒時無臭、無煙、質地堅硬好用、耐燒,其加熱是以遠紅外線滲透,由內而外加熱,因此被烤的食物不會外焦內不熟,內外熟度均勻好吃。在日本的高級料理店,無論是串燒小舖、烤肉店、烤鰻店,都少不了備長炭。

日常生活中,備長炭更是無所不在,從電鍋、冰箱、廁所、浴盆、鞋櫃、房間角落都可看到它的身影。煮飯時放入備長炭,利用其「多孔質」的性質,能將水的分子變小,因此水更容易進入米飯中,米飯會更香更Q。最近有不少建築業者,推出「健康住宅」,在地板下方(日式木造房子,地板和地基之間)鋪一層備長炭,頗受好評。

「崇華廳」的四周壁體埋入備長炭包(左圖) 在地板下鋪炭的健康住宅(右圖)

生以及生機飲食。後來因為發現「備長炭」的神奇，遠赴日本及中國研究燒炭技術，現在已成為生產「備長炭」的達人，進而更將炭應用在稻米及蔬果種植，並推動「備長炭」在建築與生活上之應用。

陳董很關心「綠色魔法學校」，兩年來頻頻向我問及工程進度。其夫人秋萍還親自以針車縫製了一千多個「備長炭」包，放入「崇華廳」兩旁的夾層內以及外氣的進氣口處，實現吸濕除臭的功能。

陳董前後蒞臨工地現場數次，以磁場測試器測量「綠色魔法學校」四周庭園的磁場，並在磁場最弱之二處，挖了兩個1公尺深的坑，每坑埋下300公斤的「備長炭」。由於「備長炭」是導電體，在埋炭之後果然提升了四周的磁場。高磁場可活化土壤，並細化土壤中的水分子，可強化植物與人體的生命力。陳董過去曾在中壢以炭粉改良農地來種蔬果，結果種出超大又美味的蔬果；曾在台東以炭粉混入農地來種稻米，結果稻米長得又大又香，又沒有病蟲害。我想經埋炭之後的「綠色魔法學校」附近，植物一定長得很旺盛，在此辦公的人也一定特別健康。

志工兵團即時成軍

當綠色魔法學校日漸完工之際，已引來廣大媒體爭相報導，海內外要求參觀的電話蜂擁而至，讓成大校長室、校友中心、國際事務處、新聞中心接電話接到手軟，尤其是我研究室的人員，對參觀者已應接不暇，令我不得不緊急向校方求援。還好，校長賴明詔對此已有看法，他認為「綠色魔法學校」已成為成大的地標，必須積極使其成為長久的教育基地才

行，因而指示一級單位的成大博物館來正式接管「綠色魔法學校」，並正式編列預算，積極對外招募導覽志工，展開「綠色魔法學校」的導覽與教育，這真是即時之雨。

志工是「綠色魔法學校」的另一群傻瓜兵團，尤其令人感動。我們預計每年有三、四萬來自各行各業的參觀人潮，有一般的參觀者，也有為了學習工程專業而來的見習者，有畢業旅行的學生，也可能是政府機關來受訓人員，因此需要不同背景的導覽人員。成大博物館本來預計對外募集八十位志工，想不到卻湧進二百多位報名者，我們錄取其中一九〇名，在2010年11月中展開為期四天的志工訓練（兩天一般課程、兩天專業課程）。他們從大學生、退休公務員到環保人士，從二十多歲的小伙子到七十多歲的長輩，從文史背景到科學專長，個個神采奕奕，認真學習，展開拯救地球的實際行動。

他們有些已經當志工十幾年，有些同時做幾個機關的志工，不求回報，不求掌聲。綠建築畢竟是工程實務，在上課中，他們雖然羞澀地提問，卻不減其興致；在現場導覽實習中，他們每事問，深恐遺漏一點東西。有學員驚豔於綠色魔法學校之神奇，在中午休息時間，拚命四處拍照，不顧回教室吃便當。有學員特別帶著孩子一起來上課，讓不能當志工的孩子也來沾沾綠建築之氣。下課後，許多學員握著我的手，感恩他們重新認識了綠建築，感恩可以成為服務地球的志工。這群綠建築傻瓜兵團已成軍，在此枕戈待旦，準備傳播更廣的福音。

事實上，「綠建築傻瓜兵團」不止上述六位大傻瓜，自從2007年發布「募集綠色科技伙伴」的消息後，至2010年7月完工為止，一共湧來三十四位想要拯救地球的傻瓜；甚至於11月召募導覽志工時，吸引二百多位熱心民眾。這些傻瓜來自各行各

作者林憲德教
授為導覽志工
上課

志工上課情形

「綠色魔法學校」的導
覽志工是綠建築的最佳
代言人

業，彼此不相識，但卻都關心地球。

還記得太陽生物科技的莊南田董事長，打電話給我說：「我們推出抗菌防黴的環保塗料以來，尚處於虧本階段，但無論如何也要將它捐贈給這艘『諾亞方舟』，因為這是『我們共同的責任』。」這讓我感覺到：世界上好人真多，尤其當你開始做好事之後，會發現更多的好人。

【　綠　技　術　‧　綠　建　材　應　用　】　小　索　引

1.陶粒預鑄混凝土板
淤泥再生陶粒是一種廢棄物再生的環保建材，也是一種超輕量的隔熱材。它所做成的「預鑄輕質鋼筋混凝土板」，很適合當作內部隔間牆，以達到廢棄物再利用與結構輕量化的雙重目的。

2.環保地毯‧窗簾
以回收尼龍製造的地毯、以回收寶特瓶製造的窗簾，都是回收再製的環保生態產品。

3.廢輪胎再生連鎖磚、植草磚
利用廢輪胎做成的連鎖磚、植草磚等橡膠再製品，具備材質輕、高抗張強度、抗紫外線、不龜裂、不變質、無毒性、附著力強、彈性佳等特性，適合使用於戶外人行道的鋪面。

4.備長炭
「備長炭」可防潮除濕，並大量吸附臭味、甲醛、甲苯以及環境賀爾蒙等有毒物質。例如，「綠色魔法學校」將備長炭使用在大會議廳的自然通風道與夾層牆中，以達到吸濕除臭、淨化空氣的效果，也在四周庭園埋下備長炭，以提高磁場來活化土壤。

綠色建材
百分百

假如鋼筋水泥是建築物的骨骼肌肉構造，電線就宛如神經系統，牆面塗料如同皮膚。「綠色魔法學校」由骨骼肌肉、神經系統到皮膚，幾乎處處是「綠色建材」。尤其，可以確實感受無臭、無味、輕鬆無負擔的清新空氣，讓「室內健康」看得見、也聞得到，足以提供想打造綠裝潢的室內設計師及民眾借鏡參考。

建築產業的環境破壞

我常向學生說：綠建築不是流行，而是義務，因為建築產業對地球環境的破壞是超乎想像的。根據聯合國環境規劃署UNEP的估計，全球的建築環境消耗了地球能源的40％、水資源的20％、原材料的30％、固體廢棄物的38％。目前各國建築產業的二氧化碳排放比例，在美國約為38％（2004年）；在加拿大約為30％（2004年）；在日本約為36％（1990）；在台灣則為28.8％（2003年），在中國約為30.0％。

建築產業是高污染、高耗能的產業，其一磚、一瓦、一鋼筋、一玻璃都是環境破壞之源。尤其是水泥，從石灰石開採，經窯燒製成熟料，再加入石膏研磨成水泥，生產過程耗用大量煤與電能，並排放大量二氧化碳。在台灣每生產1公噸水泥就必須消耗112度電、134公斤燃料煤與0.45公噸二氧化碳，是很嚴重的空氣污染源。

尤其，現代建築大量使用鋼筋水泥建築，為了應付龐大水泥與砂石需求量，已對山林景觀產生嚴重的破壞。例如在台灣的營建市場，約有六成的砂石都是非法盜採的，其中八成盜採自河川，嚴重破壞國土並危及橋樑安全。同時由於建築市場的價格競爭，迫使砂石車超載，造成馬路破壞、車禍頻傳的現象。

台灣政府為了平衡砂石市場，甚至開放一些丘陵地作為陸砂開採地，想不到更破壞了寶貴的生物棲地。這些陸砂開採地的礫石丘陵，看似貧瘠卻擁有豐富的自然生態，例如砂石開採地的雲林縣湖本村枕頭山，就擁有四十多種保育類野生動物，也是全世界最重要的八色鳥棲息地。八色鳥（pitta nympha）之英文原意為「在山、河、林地等處，以美麗少女姿態出現的仙

台灣到處存在因
盜採砂石而橋墩
裸露的情形

因盜採陸砂而面
臨滅絕的八色鳥

中國鋼鐵公司的
高爐煉鋼情形
（其水淬爐渣可
做成高爐水泥）

子」，其全球繁殖地包括韓國、日本、中國及台灣。近年來由於棲地破壞及人為獵捕，使得八色鳥數量大量減少，現已被國際鳥盟列為全球性最受威脅的鳥種之一。想不到這些國寶級美麗生物，為了建築市場之大量砂石需求，已被迫面臨完全滅種的危機。

「綠色魔法學校」利用水庫淤泥製造的「淤泥再生陶粒」，作為花園土壤與隔間牆的骨料，就是減少砂石需求、保護國土的積極作為，尤其對於延長水庫壽命也有不少貢獻。位於板塊擠壓的台灣，由於地質鬆散，再加上山區的濫墾濫種，特別容易造成水庫淤積。例如，2004年的艾莉颱風，在石門水庫上游集水區造成大山崩，雨水夾帶2,000萬立方公尺的淤泥進入石門水庫，其淤泥量幾乎是石門水庫容量的十分之一，相當於石門水庫十五年的淤沙量。假如台灣的建築土木業均能大量使用「淤泥再生陶粒」，不但可減緩水庫淤積的危機，並可保護我們的水資源。

由骨骼肌肉到神經系統，都是綠色建材

根據我的研究，一棟鋼筋水泥的10層樓集合住宅大樓，所使用的建材之二氧化碳排放量約為300Kg/m^2，以每戶110平方公尺來計算的話，每戶約排放二氧化碳量3萬3千公斤，這些二氧化碳排放量相當於1棵喬木在四十年的光合作用才能吸收完畢。也就是說，地球上每戶人家至少必須持續種植1棵喬木，才能平衡住宅建設對地球氣候的衝擊，但以目前都市綠化不足的現況而言，簡直是難以達成的任務，假如建築產業無法減少水泥用量，則根本無法奢言綠建築。

為了減少二氧化碳排放量，「綠色魔法學校」的第一秘訣，就是採用中國鋼鐵公司捐贈的高爐水泥作為混凝土原料。所謂高爐水泥，就是以煉鋼廠的水淬爐渣廢棄物磨成爐石粉之後，再以一定比例與水泥混合而成。以高爐水泥做成的鋼筋混凝土，不但可減少大量爐渣、粉塵、空氣懸浮粒子的廢棄物，同時可減少水泥用量、減少二氧化碳排放量。

更神奇的是，以廢棄物做成的高爐水泥，不但沒有減弱其強度，還因為其爐石粉的粒徑剛好填塞了混凝土的孔隙，使其最終結構強度為一般水泥的1.4倍，可說是一舉數得。本案以中鋼的爐石粉替代了30％～40％的水泥，對於整個建築物軀體工程的二氧化碳減量效果約可達到總二氧化碳排放量的10％，對減緩地球暖化有不少貢獻。

「綠色魔法學校」減少溫室氣體排放的第二個秘訣，就是拒絕使用高污染的磁磚，因為在台灣每生產1平方公尺的磁磚，就製造7.9公斤的二氧化碳排放量。尤其台灣可說是世界上最喜愛使用磁磚的國家，每人的磁磚用量約為世界平均水準的四倍，由廁所、客廳、臥室到外牆幾乎都是磁磚，這是非常不環保的習慣。很多人以為磁磚外牆有良好的防水功能，事實上磁磚接縫千瘡百孔，磁磚後面布滿水路間隙，讓建築外牆漏水不斷，並且抓漏不易。因此，台灣實拓公司（德國STO代理）提供「綠色魔法學校」的隔熱外牆塗料具備高防水性能，同時可減少使用磁磚對地球的傷害；另外，外牆保溫材為完全天然的岩棉，可隔熱保溫，並維持室內的溫度穩定。

我們雖然也使用部分磁磚，但也特地選用「環保磁磚」以貫徹綠色設計理念。例如，承蒙光聯興業公司捐贈「羅馬無機崗石」作為「崇華廳」主席台兩側的音響反射牆。此建材是完全

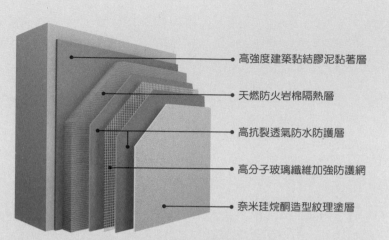

高強度建築黏結膠泥黏著層

天燃防火岩棉隔熱層

高抗裂透氣防水防護層

高分子玻璃纖維加強防護網

奈米珪烷酮造型紋理塗層

減少磁磚污染又保溫節能的STO的隔熱外牆塗料工法

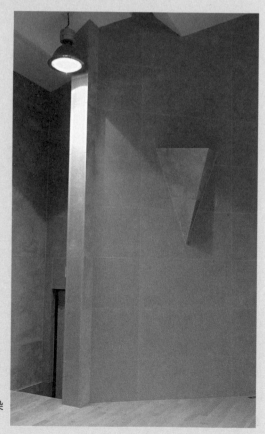

不含有機化學物質污染
的「羅馬無機崗石」

無機的人造石材，由95%的天然石粉加入5%無害於人體及環境的物質、礦脂等成分，經「合融法」於反應槽內促進反應造岩完成。它沒有一般人造石的有機化學物質污染，是徹底的綠色建材。

綠色建材百分百，是「綠色魔法學校」所展現的最高環保魔法。例如「諾亞方舟大壁畫」是以八八水災的漂流木創作而成；「崇華廳」的入口玄關浮雕，也是以廢棄車輛的機車排氣管與整流板拼湊而成；「亞熱帶綠建築博物館」的一角，以大量電腦IC板、電子廢棄物裝飾成展示櫥窗；生態水池護岸，則以鍋爐廢棄物煤渣所製造的環保空心磚所砌成。南面庭園有三堆由工地原址拆除的咕咾石所砌成的矮牆，牆內是以工地廢棄的鵝卵石、水泥塊、枯木、竹管砌成，這是做為蜈蚣、蟾蜍、蜥蜴、蝸牛躲藏棲息之處，又名「濃縮自然」。「綠色魔法學校」賦予這些廢棄物新生命，正是「從搖籃到搖籃」的精神展現。

除建築結構體的「綠色建材」之外，甚至連電氣設備也不例外。例如大亞電線電纜公司捐贈一種具「環保標章」之環保電線電纜，採用無鍍鉛之銅導體，完全不含鹵性塑膠，燃燒時不產生戴奧辛與鹵酸氣體等有害物質。甚至我們所有的牆面塗料，也都是各企業所捐贈的「綠建材標章」之建材。假如鋼筋水泥是建築物的骨骼肌肉構造的話，電線就宛如神經系統，牆面塗料就如同皮膚，「綠色魔法學校」由骨骼肌肉、神經系統到皮膚，幾乎無處非「綠色建材」，簡直是地毯式的環保大作戰。

以廢棄摩托車
排氣管組成的
「崇華廳」二
樓入口處現代
浮雕

以廢棄汽車整
流板組成的
「崇華廳」三
樓入口處現代
浮雕

以IC板、
鋁罐、機
車零件等
廢棄物所
組成的浮
雕裝飾

全世界爭相拓展「綠色建材」

所謂「綠色建材」就是對地球環境友善與人體健康無害的建材。近二十年來,一些主要先進國家對綠色建材的發展非常重視,如北美國家、日本、西歐、北歐,已就建築材料對室內空氣的影響進行了全面、系統的基礎研究工作,並制訂了嚴格的法規。1988年第一屆國際材料科學研究會議,首先提出綠色建材的觀念,1992年聯合國召開了環境與發展大會,1994年又增設了「永續產品開發」工作組,國際標準機構ISO也討論制訂了對環境友善製品的標準,積極推動綠色建材的發展。

德國是世界上最早推行環境標誌的國家,於1977年發布了第一個環境標誌「藍天使」後,至今獲得「藍天使」的產品已達7,500多種,占全國商品的30%。美國也是較早提出環境標誌的國家,目前有環保產品的Green Seal標章,以及室內建材的Green Guard標章。日本對綠色建材的發展也非常重視,於1988年提出Eco Mark標章開展環境標誌工作,至今已經有2,500多種環保產品。加拿大在1989年提出Eco Logo標章,北歐國家也於1989年提出天鵝標章,歐盟在1993年提出Eco-Label標章,中國則於1993年公布實施環境標誌,作為環境友善產品的認證。

台灣也在1993年開始實施「環保標章」,至今環保標章產品達2,718件,但基於綠色建築政策的考慮,另外內政部建築研究所於2004年7月開始推動「綠建材標章」之認證制度,目前「綠建材」之認證範圍包括「生態綠建材」、「健康綠建材」、「高性能綠建材」、「再生綠建材」等四種,到 2016年初,約有10,314件綠建材通過認證。

德國	藍天使	
	GuT	

芬蘭	建材逸散分級	
北歐	天鵝標章	
歐盟	EU-flower	
美國	GREEN SEAL	
	綠色防護標章	
加拿大	Eco Logo	
日本	Eco-Mark	
新加坡	環保標章	
台灣	環保標章	
	綠建材標章	
中國	中國環境標誌	

室內污染，看不見的殺手

建築產業對環境的衝擊，不只在於地球資源耗竭，其中「室內污染」對人體的傷害更為直接。尤其1915年人類開始生產化學合成物質之後，我們的居住環境更全面承受化學之害，舉凡天花板、牆面、地板、桌面、沙發、窗簾等，幾乎被有機溶劑、重金屬塗料、總揮發性有機化合物VOCs（Volatile Organic Compounds）所覆蓋，連衣櫥、抽屜、門縫、管道、隔熱材也全面被有害健康之甲醛、黏著劑、填縫劑、發泡劑等化學物質所填塞，所有衣物、寢具、用品上面也布滿清潔劑、殺蟲劑、防腐劑、漂白劑、螢光劑。這些化學物有許多為致癌物質（carcinogen）、突變誘導物質（mutagen）、畸形誘發物質（teratogen），或有損於神經與肝肺機能的有毒物質，很容易造成人體病變與環境荷爾蒙錯亂。

室內污染問題之罪魁禍首，首推油漆、黏著劑等化學物質所釋放的甲醛及揮發性有機物質，其次就是影印機等室內事務機器所排放之二氧化碳及臭氧，或經由空調系統相關污染源所傳播的生物性氣膠（bioaerosols），或抽菸等室內活動所引起之化學物質與呼吸性微粒（respirable particulate）。此症狀輕則造成人體不適，重則造成肺炎、支氣管炎、氣喘突與變腫瘤等惡性疾病。根據蘇慧貞等人的調查報告，在台灣許多室內裝潢所引起的室內甲醛濃度，已超出世界衛生組織的建議基準好幾倍，顯示許多人均暴露在致癌的環境中。最近衛生署公布，在台灣平均每16分39秒就有一人因癌症而死亡，而惡性腫瘤、肺炎、支氣管炎與氣喘等相關疾病，更明列台灣十大死因榜上。

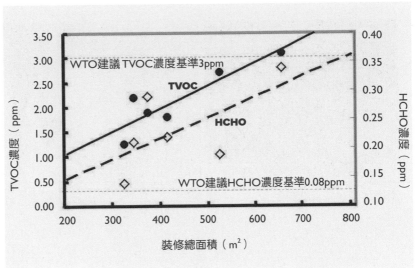

甲醛與總揮發
性物質之濃度
與室內裝修面
積呈正比關係

百分百綠色建材，健康看得見

「綠色魔法學校」是室內健康環境的守護者，其最大賣點
在於採用了百分百的綠色建材，尤其在人體皮膚接觸
的最前線，全面採用最健康的裝潢塗料，更是健康的保證。例
如，太陽生物科技、永記造漆、永群豪國際等公司捐給我們環
保油漆與木器漆，不但不含甲醛與重金屬，擁有防霉抗菌、防
污自潔、調濕健康的功能，同時具備內政部建築研究所綠建材
標章之認證。在此可以確實感受到無臭、無味、輕鬆無負擔的
空氣，讓您看得見、聞得到「健康」。

另外，現代建築的空調系統，是最容易結露、發霉、累積塵
埃、滋生細菌之處，也是最容易引發肺炎、退伍軍人症等疾病
感染之處，但「綠色魔法學校」卻完全克服了此盲點，因為我
們採用燁輝公司捐贈的「抗菌健康環保鋼板」作為空調風管系
統的材料，可長久有效抑制細菌生長繁殖，並保證最健康的空

以「抗菌健康環保鋼板」作為空調風管系統的材料,可長久有效抑制細菌生長繁殖,並確保空氣品質

「綠色魔法學校」使用環保生態紡織品,例如國際會議廳的地毯是以回收尼龍製造、會議室的窗簾則是以回收寶特瓶製造的

環保電線完全不含鹵性
塑膠，燃燒時不產生戴
奧辛與鹵酸氣體等有害
物質

可除臭、除濕並釋放
遠紅外線之備長炭

所使用的環保油漆與木器漆，不含甲醛與重金
屬，擁有防霉抗菌、防污自潔、調濕健康的產品

節能又防止疾病感染
的腳踩式省水水龍頭

氣品質。這種「抗菌鋼板」過去只被用於開刀房，但「綠色魔法學校」卻讓它走入生活。

「綠色魔法學校」對於疾病感染的用心真是無微不至，例如連廁所也採用了八京實業公司的UB-FINE省水系統，以腳踩式水龍頭方式出水，不用電源、省水、手免接觸，可輕鬆調控水量，並可避免細菌傳播與交叉感染。回想當年亞洲SARS的危機，就能想見這種免接觸水龍頭的可貴，此乃「綠色魔法學校」中最貼心的環保設計之一。

我們甚至在「崇華廳」的空調箱中，裝入了奈米銀殺菌過濾網，以及芬多精的噴霧器，確保了最乾淨衛生的空調空氣，同時讓觀眾能享受有如沐森林、瀑布中的愉快與健康。相信來此開會的貴賓都會感到精神奕奕、心情愉快，開會效率也會大增才對。

台灣玉之父——廖學誠教授

2007年「綠色魔法學校」的消息披露後不久，兩位成大礦冶系的校友，一位成大退休教授廖學誠博士與一位台灣玉石公司總經理黃裕斌聯袂來找我，說東部礦主要捐贈對人體最健康的花蓮蛇紋玉石與新港（成功）化石給「綠色魔法學校」，我一時因為礦石知識不足而勉強支吾應付一番，完全不知這是一件綠建築的大事。後來經過幾個月的查驗，才漸漸曉得石材學問之大，原來這兩位大好人為「綠色魔法學校」帶來了「健康又愉快的環境」。

第一位在1956年發現台灣玉，引起東部採玉熱潮的，就是廖學誠博士。他是香港來台的第一屆僑生，大學畢業後就在美國賓

州州立大學完成博士學位，返母校任教，一甲子的歲月，就在第二故鄉台灣求學、工作、奉獻工業礦石及陶瓷科技。當年還是礦冶系學生的他，暑假實習在花蓮河床探勘石綿礦石時，意外發現河中閃耀著綠色光芒的石頭，將它帶回實驗室用顯微鏡分析，懷疑那是玉，再送往香港，被香港大學國際寶石學權威戴維斯教授鑑定，證實為獨一無二的閃玉，從此台灣玉打響「綠色閃玉」在全球寶石市場的名聲，一時讓台灣躍升為世界級的閃玉出產國，維持多年光輝燦爛的台灣玉世代。

據台灣玉之父——廖教授所言，蛇紋玉石會與珍貴的玉共生，為超鹼性石材，具有高度磁場、氫氧自由基，可釋放大量遠紅外線、淨化空氣、活化細胞、對人體健康有很大益處，尤其使用在戶外水景中，更可淨化水質、減少蚊蟲。他同時推薦新港（成功）化石來搭配綠色蛇紋玉石，不但可凸顯美麗豪華的石材設計，也因為新港（成功）化石是動物骨骼沈積而成，與人體特性最為接近，其白雲石質結構所具有的低導熱、高保溫

台灣玉之父廖學誠教授（左）與台灣玉石公司總經理黃裕斌（右）合影

性，可達到冬暖夏涼的環境設計。蛇紋玉石與新港化石不但是本土建材，同時也是有益人體健康的寶物，簡直就是「綠色魔法學校」的魔法之石。

另一位是黃裕斌總經理，縱橫礦石界的奇人，台東望族。數年前，他使用全世界最貴、最高級的石材，裝潢台北一棟億萬豪宅後，雖然業主很滿意，但他卻突然感嘆世間奢華競賽之無趣，毅然縮小生意，返回台東過著半隱居的生活。從他身上，我驚訝地體會出成大校友的真情，以及熱心公益的傻勁。他說：「成大人不只是企業的最愛，成大的畢業生從不罵成大」。

以美麗的台灣蛇紋玉石安裝在「崇華廳」的主席台

此次，黃總介紹了三泰礦業公司，捐贈「綠色魔法學校」200公噸的蛇紋玉石，他自己的台灣玉石公司也無償擔負起所有石材工程的施工，並親自在現場監工。經濟部於東部設立的「石材暨資源產業研究發展中心」，也宣布為「綠色魔法學校」所有石材工程無償提供無毒、撥水、撥油、防污的耐候防護施工，亦即以其多年研發成果之「奈米防護劑」來增加石材之使用壽命，為生態石材工程留下新典範。

事實上，我本身喜歡台灣綠色蛇紋玉石已久，蛇紋玉石綠中帶白又帶黑，紋理美又含玉，真是太妙了。年輕時我看到使用台灣產綠色蛇紋玉石的聯合國議事廳，一直引以為是夢寐以求的理想室內裝潢，想不到現在我可以把它設計在「綠色魔法學校」。廖教授告訴我，全世界優美的綠色蛇紋玉石，只有義大利、台灣、紐西蘭等少處產地。果然，以台灣蛇紋玉石裝潢完成的「崇華廳」主席台，比起聯合國議事廳毫不遜色，讓「崇華廳」顯得既美麗又莊嚴。

低碳設計，減少碳足跡

有一種稱為碳足跡的指標（見192頁），可以客觀地衡量建材對地球的環境破壞。例如在台灣使用一公斤的鋼筋、水泥、普通玻璃則各別產生1.21、0.96、0.87公斤的二氧化碳，我們如能選用建材碳足跡較小的工法，就可以減少碳足跡而減緩地球溫暖化效應。「綠色魔法學校」作為綠建築的典範，當然也盡力地採用低碳足跡的建築構法，例如：我們的外牆採用塗料工法比貼磁磚工法減少了30％的碳足跡，採用普通玻璃比Low-E玻璃減少了48％的碳足跡，採用混有爐石粉30％的預拌混

凝土降低了全建材總碳足跡10％。另外，我們也致力於全面採用本土建材，也降低了不少運輸的碳足跡。

在《四倍數》鉅作中，作者懷茲札克（Weizacker）曾提到德國人日常最喜歡食用的草莓優格之材料來自世界各國。波格女士（Stefanie Böge）提出一個統計報告，說明這些草莓優格的原料與包裝必須經過3,500公里的運輸，同時其麵粉、玉米等添加原料必須額外加上4,500公里的運輸，才能從各產地運到德國人的餐桌。此報告因而震驚全球，從此歐洲的消費者要求廠商公布「產品線性分析」以降低運輸能源。此報告不禁讓人省思，全球貿易所鼓勵的國際流通市場，事實上只是嚴重增加運輸能源並破壞地球環境而已，反而產業在地化才有利於地球環保。

根據交通部2011年對國內運輸距離的統計，在台灣本土生產每公噸重量的鋼筋、水泥、玻璃平均必須花費129.27、154.77、63.50公里的運輸距離，以柴油運輸貨車燃油效率4km/L來計算，亦即每公斤重量必須排放0.083、0.01、0.04公斤的二氧化碳，才能送到使用者手中（工程建設的工地）。

然而，假如我們採用進口材料之鋼筋、水泥、玻璃，由中國大連、馬來西亞Kuching、澳洲Aelaider進口的話，除了上述國內的運輸碳足跡外，還必須加上這三城市至台灣的海運運輸碳足跡0.017、0.024、0.079公斤，其運輸之碳足跡常為本土建材的數倍之多。「綠色魔法學校」除了極少數產品外，從玻璃、油漆、水泥、蛇紋石到光電版，幾乎都採用本土建材，善盡了一點減緩地球溫暖化之職責。

雖然我們已經無法遏止全球化的發展，但就地球環保而言，至少要讓它放慢腳步。為了減緩全球化所帶來的環境危機，在綠建築理論上的對策就是「全球性思考與本土化行動（Think globally, Act locally）」的原則。我們要保有先進的全球建築觀，但一定要善用本土特色、本土技術、本土氣候、本土建材的優勢來發展建築產業，才是符合環保的精神。例如，有名的生態建築代表荷蘭ING總部，寧願捨棄低廉的外國磁磚，而採用較為昂貴的荷蘭傳統磚與傳統工匠來建造。為了應付ING總部多變化的造型，全部60萬磚塊中有54種不同尺寸的形狀，充分展現了優美的荷蘭傳統建築工藝。本土建材除了減少碳足跡之外，另外在社會意義上乃是與當地產業結合、提供當地就業的機會。

建築產業是人類文明必要之惡，綠建築政策是降低此罪惡的唯一途徑，綠色建材則是實踐綠建築政策最直接的手段。我很感謝由各方湧來的地球環保義勇軍，讓「綠色魔法學校」達到百分百綠色建材的超高水準，讓我們地球母親的傷害降到最低。我相信，綠色採購是每一個人都可以實踐的簡單行動，瞭解綠建築！勵行綠色採購！您的消費行為就可以拉地球一把，就可以增加子孫一點生存的概率。

建材碳足跡知多少？

建材碳足跡就是由原料生產採集、原料運至工廠、工廠的建材生產、建材由工廠至工地的運輸等活動過程所排放的二氧化碳當量。下表是我研究室多年的盤查數據。由於此表採用市場上慣用的不同單位，因此要注意這些數據不能單看表面數據的大小。大體而言，其中顯示金屬、水泥等加工材料的碳足跡較多，而少加工的天然材料碳足跡較小。

表　臺灣建築資材生產運輸階段碳足跡資料表

材料名稱		單位	碳足跡（kgCO2e）				
			原料開採	原料運輸	產品生產	成品運輸	總碳排量
鋼鐵類	鋼胚(高爐)	Kg	2.26			0.055	2.32
	鋼胚(電弧爐)	Kg	0.147	0.081	0.4	0.055	0.683
	鋼筋及鐵件	Kg	0.954		0.168	0.083	1.21
	型鋼	Kg	0.954		0.185	0.064	1.20
砂石土質類	砂礫	m³	3.05	56.20			59.24
	磁磚(1cm)	m²	7.70		7.16	1.14	15.99
	高壓混凝土地磚(6cm)	m²	37.43		5.65	0.40	43.48
	文化瓦	m²	0.114	0	6.46	2.56	9.13

材料名稱	單位	碳足跡（kgCO2e）				
		原料開採	原料運輸	產品生產	成品運輸	總碳排量
水泥類 一般水泥(卜特蘭)	T	2.47	4.17	855	99.75	961.384
水泥類 1:2水泥砂漿粉刷	m²	0.095	0.29	12.37	0.51	13.27
水泥類 預拌混凝土(3000psi)	m³	4.89	17.95	300.34	22.85	346.01
水泥類 水泥板(9mm)	m²	0.04	0.16	2.70	2.13	5.04
水泥類 石膏板(9mm)	m²	0.01	0.18	1.75	0.68	2.61
水泥類 矽酸鈣板(12mm)	m²	0.02	0.30	2.39	0.34	2.65
木竹類 原木	m³	-916.67	39.59	102.67	10.97	-763.45
木竹類 製材	m³	-916.67	39.59	112.43	10.97	-753.68
木竹類 實木木地板(2cm)	m²	-79.2	3.42	23.94	2.46	-49.36
木竹類 木合板(6分板)	m²		0.784	7.92	0.302	9.0

材料名稱		單位	碳足跡（kgCO2e）				
			原料開採	原料運輸	產品生產	成品運輸	總碳排量
玻璃油漆類	普通玻璃	kg	0.112	0.024	0.70	0.04	0.87
	強化玻璃	kg	0.112	0.024	0.96	0.04	1.13
	Low-E玻璃	kg	0.222	0.024	1.08	0.04	1.36
玻璃油漆類	PVC塑膠管、PVC板	Kg	2.21		0.15	0.07	2.43
	水泥漆	Kg	3.13	1.23	0.75	0.05	5.16
	油漆	kg	5.55	0.05	1.27	0.18	7.05
瀝青	瀝青混凝土	T	35.90	13.37	30.04	23.78	103.09
鋁金屬	建築用鋁擠型料	kg	3.75	0.187	0.287	0.120	4.34
	門窗鋁料	kg	3.75	0.187	0.366	0.120	4.42

資料來源：《建築碳足跡》林憲德著

至於進口建材由海外不同國家運至台灣的運輸碳足跡則如右表，大體而言，高加工度的建材海外運輸的碳足跡約佔其總碳足跡的一至二成，因此多用本國建材可降低建築物的碳足跡。

表 主要進口國之物品運輸探碳足跡標準

國家	港口	海哩數	公里	kgCO2e/T
中國	廣州	429	795	7.07
	大連	1045	1935	17.21
印度	Chennai	3253	6025	53.56
美國	Portsmouth	11139	20629	183.39
馬來西亞	Kuching	1475	2731	24.28
印尼	Semarang	2093	3876	34.46
泰國	Bangkok	1693	3135	27.87
澳洲	Adelaide	4789	8870	78.85
法國	Bordeaux	9638	17850	158.69
芬蘭	Helsinki	10854	20102	178.71
比利時	Antwerpen	9973	18469	164.19
挪威	Larvik	10416	19290	171.49
義大利	Trieste	8002	14821	131.75
葡萄牙	Lisboan	8920	16520	146.86
土耳其	Haydarpasa	7498	13887	123.45
加拿大	Victoria	5425	10047	89.32

一生至少當
一次傻瓜

人類最高的智慧，莫過於「一生
當一次傻瓜」的信念。有了信
念，才有堅持，才會吸引一群志
願相挺的傻瓜兵團。「綠色魔法
學校」因為有電子業龍頭──
台達電子鄭董的大傻瓜，以及有
來自四面八方的企業界、貢獻所
學的成大師生等一群傻瓜們，才
能譜出這一幕人與地球的愛情故
事。

電費單驗證世界第一節能建築

至此，「綠色魔法學校」的故事已近尾聲，但讀者難免質疑：這故事的真實性如何？上述所言的諸多效果到底是真是假？我很喜歡讀者發出這些質疑，因為過去我常發現許多宣傳媒體、名人演說，甚至是學術報導、研究報告，常充斥著不實扭曲、掛羊頭賣狗肉的情形，這會造成民眾對科學的不信任，令我痛恨不已。假如本書內容有點造假，是我良心之譴責，根本不足以為環保教育的典範。

為了驗收「綠色魔法學校」的成效，我們自始就立下一個「科學驗收」的實驗計畫，亦即事先進行實驗模擬分析，事後進行量測印證的計畫。我們在3個通風塔內與「崇華廳」室內預埋了溫度、濕度、風速、CO_2濃度的偵測儀器；在照明、空調各區的配電系統中設置分電表；在中央監控系統中自動記錄各房間設備的開關啟動、溫濕度變化情形。另外，我指派一群博碩士生，以其畢業論文為餌，進行現場量測分析來印證當初模擬分析效益的驗證，展開了一個為上述承諾把關驗收的系統（見204頁）。

第一個必須為讀者解惑的是：「綠色魔法學校」實際的節能成效如何？上述（97頁）曾說「綠色魔法學校」可達成節能65％的目標，到底是真是假？亦即在一般三層樓辦公建築每平方米樓版面積平均用電強度125 $kWh/(m^2.yr)$情況下，「綠色魔法學校」是否真的達到43.7 $kWh/(m^2.yr)$之水準？幸而，在2011年從實際的台電的電費單中證實了當年的實際用電強度為40.5$kWh/(m^2.yr)$，其節能情形已超越了當初的預估值，節能效率達67.6％。這鐵的證據讓我們十分振奮，因為我們終於可驕傲地兌現了當初的承諾了。這數據以國際相同辦公建築類型在英國、美國、

香港、新加坡、中國辦公大樓的用電強度約為404、390、304、217、111.2 kWh/(m^2.yr)之情形來比較，證實「綠色魔法學校」可成為世界第一的節能建築。

上述實際用電量與當初的預測值之誤差只有2.6%，簡直是一個不可思議的成果，因為建築物的用電情形牽涉天氣、設備效率、人員流動、使用行為等千變萬化的變數，在事先根本難以分析與預估，但我終於能以數十年建築能源研究的功力，採用國際最先進的動態耗能軟體，將之掌握在手掌之中，值得欣慰。當然，這用電強度40.5kWh/(m^2.yr)之數據，只是2011年第一年未全載使用下的情形，我預估將來在人員、設備的微增之下，未來的用電水準會微幅增加而達到我的預估值才對。

表 2011年實際耗電量與事前eQUEST 解析耗電量比較

	1月	2月	3月	4月	5月	6月
eQUEST解析值（度）	5180	5810	7990	9830	10610	12930
實際耗電量（度）	5099	5715	7322	9318	11241	12181
誤差（%）	-1.6	-1.1	-8.4	-5.2	-5.9	-5.8
	7月	8月	9月	10月	11月	12月
eQUEST解析值（度）	12440	13820	13230	12840	11020	9620
實際耗電量（度）	11613	13286	12532	12991	11732	10236
誤差（%）	-6.6	-3.8	-5.3	1.2	6.5	6.4

使用者問卷見證超舒適環境

第 二個必須為讀者解惑的是：「綠色魔法學校」即使是節能，但是否舒適健康？這是大部分民眾對綠建築的疑

慮，因為綠建築假如用起來不爽、不健康，則難以服人。為此解惑，2001年我要求博士生簡君翰針對「崇華廳」在涼爽季節的自然通風且不開空調之期間，進行一系列的現場量測分析與使用者的問卷調查，以證明「綠色魔法學校」是一棟同時兼顧節能環保與舒適健康的綠建築。

「綠色魔法學校」在舒適健康的問題上最有疑慮的空間，莫過於在涼爽季節，有350人聚集於一個不採空調而改用通風塔自然通風的「崇華廳」了。簡君翰針對「崇華廳」在自然通風情況下，由通風塔與室內採集風速分布的數據（見205頁），計算出全年各時段的換氣次數（每1小時引進該空間體積量的新鮮空氣量的倍數）均在6.29～9.58次/hr之範圍，證實了其換氣水準遠遠超越了國際公共衛生標準對於會議廳之換氣次數為3～6次/hr之規範。另外，簡君翰在5月至11月的自然通風期間，所測得「崇華廳」室內之二氧化碳濃度約在644～718 ppm之範圍，又證實了其空氣品質水準遠優於國際室內環境的安全衛生標準1000ppm。換言之，以上的實測證實了一件事實：只要我們善用自然通風的原理，即使是一個數百人聚會的大會議廳，也可以打造成一個高空氣品質、充滿氧氣，同時又是非常安全、衛生、健康、節能、便宜的高級大講堂。我推估這種自然通風設計，在地球由溫帶到熱帶的大部分國家均可適用，假如全世界的建築物都能依此細心執行自然通風設計的話，應該可以省下無可限量的能源，當可大大地減緩地球的環境危機。

接著，關於舒適環境的問題，有很多追求恆溫恆濕效率的空調學者很難接受這種放任自然通風的設計，也有很多民眾質疑不空調的大會議廳能有舒適的環境。為此解惑，簡君翰在一整年不定次數針490位受訪者之問卷調查發現：對於「崇華廳」在自然通風下的熱環境感覺，有34.7％的人覺得不冷不熱的舒適，

有44.5％的人覺得微冷或微熱，有14.7％的人覺得冷或熱，僅有6.2％的人覺得過冷或過熱。另外，當受訪者被問及希望如何調整當下室溫時，有59.4％的人覺得當下的室溫是滿意的，有36.3％的人則是希望室溫調低一點，僅有4.3％的人希望室溫能調高一點。

依據國際熱舒適理論，這問卷結果揭示了：針對「崇華廳」的熱環境，有高達95.1％的人認為是可以接受的，僅僅只有4.9％的人認為是無法接受的。由於國際規範要求熱環境舒適滿意度只要高於80％即可，這95.1％之高滿意度，簡直是無可挑剔的超國際水準。

環保教育是拯救地球的良方

以上數據可能讓人不耐煩，但它只是證明這是一個誠實不欺的科學環保行動而已。此外，我們也發現了一個有趣的現象就是：「崇華廳」490位受訪者感到最滿意的舒適室溫是27.5℃（又稱為中性溫度，以SET*表之），顯然比一般空調科技所推薦的舒適範圍24～26℃高出甚多，是一個不可思議的社會心理現象。也許有人對此質疑：這難道是問卷出了差錯嗎？還是「崇華廳」的觀眾與眾不同，特別喜歡較高溫的環境呢？

在此請讀者稍安勿躁，因為上述調查與國際相關研究的結果是相似的。事實上，上述調查證明了一個偉大的環保教育意義：就是人對熱環境的接受程度是受到認知與教育的影響的，雖然人在空調空間所喜歡的室溫為24～26℃，但對於原本無空調而自然通風的空間，民眾是可以接受到27.5℃的稍高溫環境的，甚至假如民眾接受了良好的環境教育而體認地球環境危機的話，

則會很樂意去接受較高溫的自然通風環境的。上述問卷所呈顯民眾可接受27.5℃較高溫環境之現象，可能是因為來到「綠色魔法學校」的民眾，已感受到環保教育的氣氛，燃起愛地球之心，因而對較高溫的環境也心平氣和吧。

上述結果令我十分興奮，因為我由此發現了環保教育乃是拯救地球之道，亦即環保教育可改變人對環境的態度，可讓人較不會抱怨居住環境，可讓人包容、接納、喜歡有較大寒暑變動的非恆溫恆濕環境。在2001全年的「崇華廳」試運轉期間，在放任管理者自由選擇開空調或自然通風的情況下，我們發現民眾顯出非常貼心的合作態度，使得「崇華廳」大約在室外氣溫達29℃以上時才被啟動空調，亦即由十一月初至四月底的半年涼爽期，均得以停止空調而節省了大約27％的空調耗電量。這半年的涼爽期當然難免有一段不短的高溫高濕時段，但因為「綠色魔法學校」的隔熱遮陽設計良好，加上民眾的配合意識，讓我們得以停止空調而沒遭到抱怨。這顯示了：環保教育可讓人燃起愛地球之心，可讓人對不甚理想的環境甘之若飴，這豈非就是拯救地球的良方？

設計小失誤，瑕不掩瑜

以上只是忠實地呈現「綠色魔法學校」的效益評估而已，並非老王賣瓜。為了免於淪為只是報喜而不報憂的宣傳，我必須坦白告知讀者本案有一些失敗的事項如下：

失敗事項1：辦公空間的「吊扇空調並用設計」（見82頁）。「吊扇空調並用設計」原本希望在較不熱季節，可開啟吊扇而關掉空調以節能，但我們發現：辦公室的員工因工作不容分

心，只知來上班即啟動空調，難以在氣候變涼時開啟吊扇而關掉空調，甚至有些辦公室在週五下班後忘了關空調，讓空調在不上班情況下運轉至週一早上，然後繼續上班。這現象顯示即使有良好的環保認知，也常因不方便而無法落實節能環保行動，這也許可使用自動監測溫濕度、自動切換吊扇與空調的智慧控制來解決，有待未來改善之。

失敗事項2：「智慧型能源管理系統」。原有設置「智慧型能源管理系統」，是用來作為能源自動記錄與控制的，但因分布各處的眾多偵測器、控制器偶而會故障，尤其監控主機一當機就得請專家來全面設定，最令人困擾的是校方不肯花費維護費委由廠商遠端管理，因此後來不得不廢止而改為手動管理操作。也許這精密的「智慧型能源管理系統」較不適合這種小規模建築，而較適用於有編列維護經費的大型高級公共建築吧。

失敗事項3：「野生花園」（見125頁）。原有「野生花園」是採用自動滴灌系統的薄層綠化，但因滴灌系統出水口前後水壓不安定，加上偶而馬達故障時無法知悉而死傷一大片。後來我去向宏遠興業募款40萬元，將之改成露明細水管澆灌的植栽盆方式，引入200多盆九重葛盆栽，做成五彩繽紛的花園。如此一來，因為明管自動澆灌系統很容易檢出排除出水口之故障、盆栽也容易個別更換，而九重葛耐風耐旱、花期長、盛開時美不勝收，頗受歡迎。

不過，這些小失敗乃瑕不掩瑜，因為我們仍有90％以上的技術是成功的，其中又有部分技術是超乎預期成功的，況且經歷上述最科學、最嚴格的實驗檢驗，已證實了用電強度40.5kWh/(m².yr)之超節能成果與對熱環境有95.1％的超高滿意水準，我們對此深感慶幸。

崇華廳的科學檢驗數據

表　**2011年崇華廳實測運轉情況**

月\日	1	2	3	4	5	6	7	8	9	10	11	12
1	0	0	0	0	2	3	3	3	3	3	0	0
2	0	0	0	0	2	3	3	3	3	3	0	0
3	0	0	0	0	2	3	3	3	3	3	0	0
4	0	0	0	0	2	3	3	3	3	3	0	0
5	0	0	0	0	2	3	3	3	3	3	0	0
6	0	0	0	0	2	3	3	3	3	3	0	0
7	0	0	0	0	2	3	3	3	3	3	0	0
8	0	0	0	0	2	3	3	3	3	3	0	0
9	0	0	0	0	2	3	3	3	3	2	0	0
10	0	0	0	0	2	3	3	3	3	2	0	0
11	0	0	0	0	2	3	3	3	3	2	0	0
12	0	0	0	0	2	3	3	3	3	2	0	0
13	0	0	0	0	2	3	3	3	3	2	0	0
14	0	0	0	0	2	3	3	3	3	2	0	0
15	0	0	0	2	2	3	3	3	3	2	0	0
16	0	0	0	2	2	3	3	3	3	2	0	0
17	0	0	0	2	2	3	3	3	3	2	0	0
18	0	0	0	2	2	3	3	3	3	2	0	0
19	0	0	0	2	2	3	3	3	3	2	0	0
20	0	0	0	2	2	3	3	3	3	2	0	0
21	0	0	0	2	2	3	3	3	3	2	0	0
22	0	0	0	2	2	3	3	3	3	2	0	0

	1月	2月	3月	4月	5月	6月	7月	8月	9月	10月	11月	12月
23	0	0	0	2	2	3	3	3	3	2	0	0
24	0	0	0	2	2	3	3	3	3	2	0	0
25	0	0	0	2	3	3	3	3	3	1	0	0
26	0	0	0	2	3	3	3	3	3	1	0	0
27	0	0	0	2	3	3	3	3	3	1	0	0
28	0	0	0	2	3	3	3	3	3	1	0	0
29	0		0	2	3	3	3	3	3	1	0	0
30	0		0	2	3	3	3	3	3	1	0	0
31	0		0		3		3	3		0		0

說明：0：自然通風（無空調），1：上午空調運轉，2：上下午空調運轉，3：全日空調運轉

表　2011年崇華廳自然通風時間帶通風塔內的實測平均風速（m/s）

時間	1月	2月	3月	4月	5月	6月	7月	8月	9月	10月	11月	12月
上午	0.86	0.86	0.88	0.88	0.91	0.92	0.93	0.97	0.96	0.92	0.89	0.88
下午	0.92	0.92	0.95	0.94	0.97	0.98	1.00	1.02	1.01	0.98	0.96	0.94
晚上	0.67	0.66	0.68	0.68	0.70	0.71	0.71	0.72	0.70	0.68	0.68	0.67

表　2011年崇華廳實測換氣回數（次/hr）

時間	1月	2月	3月	4月	5月	6月	7月	8月	9月	10月	11月	12月
上午	8.08	8.08	8.26	8.26	8.54	8.64	8.73	8.54	9.01	8.64	8.36	8.26
下午	8.64	8.64	8.92	8.83	9.11	9.20	9.39	9.58	9.48	9.20	9.01	8.83
晚上	6.29	6.20	6.39	6.39	6.57	6.67	6.67	6.76	6.57	6.39	6.39	6.29

表　2011年崇華廳自然通風時期室內實測CO_2平均濃度（ppm）

時間		4月	5月	6月	7月	8月	9月	10月
上午	平均值	699	690	688	694	704	712	715
	最小值	(298)	(299)	(301)	(303)	(301)	(304)	(300)
	最大值	(937)	(945)	(939)	(928)	(947)	(953)	(966)
下午	平均值	721	698	718	715	735	729	738
	最小值	(315)	(309)	(311)	(307)	(313)	(316)	(308)
	最大值	(972)	(964)	(985)	(992)	(1013)	(991)	(1007)
晚上	平均值		701	705			713	707
	最小值	無使用	(311)	(313)	無使用	無使用	(317)	(312)
	最大值		(938)	(923)			(964)	(961)

表　2011年崇華廳使用者問卷調查背景資料

溫度背景	人數	溫度背景	人數	年齡	女性		男性	
					數量	%	數量	%
18～19℃	33	19～20℃	30					
20～21℃	36	21～22℃	35	≦20	23	8.7	22	9.7
22～23℃	34	23～24℃	35	21～40	138	52.5	112	49.3
24～25℃	37	25～26℃	36	41～60	77	29.3	64	28.2
26～27℃	34	27～28℃	37	≦61	25	9.5	29	12.8
28～29℃	38	29～30℃	36	總計	263	100	227	100
30～31℃	34	31～32℃	35					

2011年崇華廳自然通風期間對熱環境感知（左）與喜好（右）之問卷統計結果

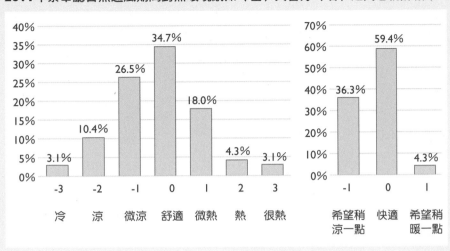

2011年崇華廳自然通風期間對於舒適度的問卷結果圖

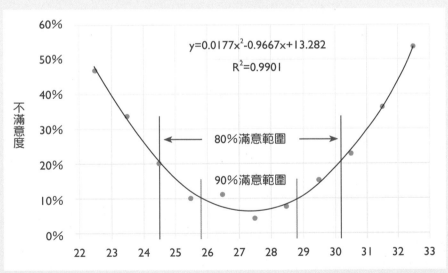

橫座標為以溫度、濕度、風速等多項因子修正的相當感覺溫度SET*，單位為℃。80%的人可以接受的熱舒適範圍為SET*24.5℃-30.2℃，90%的人可以接受的熱舒適範圍SET*25.8℃-28.8℃，顯示此環境最舒適溫度為SET*27.5℃（又稱為中性溫度）。

獲獎連連，實至名歸

「綠色魔法學校」一路走來飽受經費不足、行政障礙之苦，但我們甘之若飴，因為我們期待這個愛地球的教育基地能早日實現，並被廣為效法。果然皇天不負苦心人，「綠色魔法學校」開工前出現一個奇蹟：就是全球知名「探索頻道（Discovery Channel）」公司立了一個專案，要拍攝「綠色魔法學校」作成一個環保教育影片以宣傳台灣的環保成就。此專案由中國電視公司知名社教節目「MIT台灣誌」的麥覺明導演提出，在2009年初開始執行，他前後花了半年時間來成功大學，現場拍攝「綠色魔法學校」的施工以及我研究室對於通風照明環境模擬、污泥陶粒生產、野生花園等實驗研究，同時也請人做了電腦動畫。此節目在2009年底首播，接著前後在全球數十個國家播放，造成莫大的轟動。成功大學屈居南部一隅，很難得在國際媒體上如此大陣仗地曝光，校方高層與同仁看到此節目後很高興並競相走告，蔚為成大之光。曾經有朋友在馬來亞、日本看到此節目，紛紛打越洋電話來祝賀。

繼「探索頻道」的加持之後，國內的報章雜誌、電視新聞也紛紛跟進報導，好不熱鬧。另外，「綠色魔法學校」因美學與節能上的優異成果，也陸續獲得各專業機構而來的榮譽獎項，可說是實至名歸。在此僅列舉一些代表性的獎項如下：

1. 2011年獲內政部建築研究所「鑽石級綠建築標章」

2. 2011年獲美國綠建築協會「白金級綠建築標章」

3. 2011年獲世界屋頂綠化大會「世界立體綠化零碳建築傑出設計獎」

4.   2012年獲中國工程協會「工程優良獎」

5.   2013年獲永續關懷協會「國家建築金獅獎」

6.   2013年被日本建築設備士協會認為是最具學術成果且最美的零能耗建築（Zero Energy Building），特邀我在其「世界零能耗建築調查成果研討會」中發表演講

7.   2013年本書第一版被日本建築設備士協會譯成日文在日出版

8.   2013年獲日本空調學會「井上宇市亞洲國際獎」

9.   2013年被登載於尤戴爾松（Yudelson)所撰寫的《世界最綠的建築(The World's Greenest Buildings)》一書中

10.   2015年獲低碳建築聯盟「完工階段鑽石級低碳建築標章」與「用後階段銀級低碳建築標章」

其中最令人振奮的是，「綠色魔法學校」被列入名建築評論家尤戴爾松所撰寫的「世界最綠的建築」中。該書特選美國、歐洲、亞太地區各15棟（共45棟）作為全球綠建築的模範，在亞太地區的入選作品中，日本5棟、澳洲5棟、新加坡2棟、中國1棟，「綠色魔法學校」為台灣唯一入選的綠建築。

被選入「世界最綠的建築」書中的實例，必須經過五項很嚴格的標準檢驗，一是空調面積在4000m^{2}以上，二是非住宅建築，三是必須獲得現行國際知名綠建築標章之最高級認證，四是必須有一年以上的實測耗能監測數據證明其節能成效，五必須為2003年以後完工之新建築物，另外入選作品還需經過編輯部電話訪談確認無誤，並被認定為有節能教育意義之後始成為登載實例。尤其難能可貴的是，「綠色魔法學校」的用電強度40.5kWh/(m^2.yr)，在該書全球45案例中排名第一。

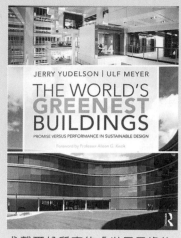

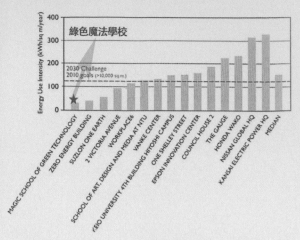

尤戴爾松所寫的「世界最綠的
建築」一書。

「綠色魔法學校」在「世界最綠的建築」一書中排行第
一節能

「世界最綠的建築」一書的作者尤戴爾松，是被號稱「綠建
築教父」的名建築評論家，在2014年以英國曼徹斯特天使一
號廣場、美國蘋果電腦公司總部Apple Campus 2、德國慕尼黑
NuOffice等世界知名綠建築的耗電數據比較分析之後，稱讚「綠
色魔法學校」才是「真正世界最綠的建築」。他公然在在英國
《衛報（the Guardian，2014,12,07）》中說：「綠建築不能空口
說白話，從科學耗電數據來看，世界真正最綠的建築應該是台
灣成功大學的綠色魔法學校才對」。

外型酷似飛碟的Apple Campus 2由世界頂尖建築師福斯特Norman
Foster 設計，是蘋果電腦公司總部，也是賈伯斯對外號稱全球最
好最綠的辦公樓。Apple Campus 2造價高達50億美元，佔地71公
頃，相當於2.8個台北大安公園，大樓總面積達85000坪，種植了
超過7000株樹木，採用天然氣發電供給電力，預計碳排放量將
下降三成，其預期用電強度為257 kWh/(m².yr)，僅為美國相同建
築類型耗電水準之半。然而，身兼美國尖端綠建築機構（GBI）
總裁的尤戴爾松卻公然對之嗆聲說：「台灣成功大學的綠色魔
法學校的用電強度40.5kWh/(m².yr)，才是所謂的世界最綠的建
築」。

自從鄭崇華董事長在2006年對「綠色魔法學校」的捐贈儀式起算，至被國際媒體譽為「世界最綠的建築」的肯定為止已逾八年，「綠色魔法學校」專案研究已產生十二位博碩士，散在全國各地就職或任教，相信這些教育種子能以此成就為豪，並在各地生根開花。如今，美麗的「綠色魔法學校」已被列為成功大學風景明信片之一景，並成為台南的觀光地標之一。她同時已被內政部列為綠建築的教育基地之一，並已經有旅行社把「綠色魔法學校」與其他綠建築案例做成知性旅遊的套裝行程，國內外學術專業團體參訪團絡繹不絕，每年到訪的學生與民眾約有三萬名。

再不做，已經來不及了！今日拯救地球的方法，絕不能假借商機之名，而繼續行奢華享受之實，我們必須「發揮智慧、斬斷墮落」，才能免除人類同歸於盡的危機。「綠色魔法學校」的啟示無他，只是「發揮智慧、斬斷墮落」而已。因為「發揮智慧」，才能不花政府一毛錢而募集了兩億台幣的捐款，才能以最簡單的技術做出最高水準的綠建築；因為「斬斷墮落」，才可能不用昂貴的帷幕玻璃、不用全年空調而達到世界第一的節能效果。唯有「發揮智慧、斬斷墮落」的堅持，才能以「灶窯通風」設計讓大型國際會議廳在冬季四個月停用空調；才能以減量方式減少四成的照明耗電；才能以飛船遮陽設計完成相當於千萬元再生能源設備的節能效益。

蘋果電腦公司總部Apple Campus 2設計案外型酷似飛碟。（圖片來源：Apple, Inc.）

一生當一次傻瓜

人類最高的智慧，莫過於「一生當一次傻瓜」的信念。有了信念，才有堅持，才會吸引一群志願相挺的傻瓜兵團。「綠色魔法學校」因為有一群傻瓜兵團，所以能夠成功。有電子業龍頭——台達電子鄭董的大傻瓜，才能演出這「綠色魔法學校的故事」；有宏遠興業葉總的傻瓜，才有這美麗的「諾亞花園」；有賴明詔校長提撥4.7公頃的造林，才能完成「零碳建築」的奇蹟；有成大四位教授、十二位博碩士生做實驗，才能成就最高效率的綠建築設計；有雕刻家阿海、原住民藝術家、台灣發明王、備長炭達人等傻瓜，才有意想不到的感人劇情；有來自四面八方企業界的傻瓜們，才能譜出這一幕人與地球的愛情故事。

這群傻瓜，讓我想起一位抗拒農藥栽培的傻瓜——木村秋則先生，只憑愛心與對自然的信念，以無農藥、無肥料的方法來栽種蘋果。剛開始，八百棵蘋果樹中有一半枯萎，只有一棵開出七朵花。他八年內散盡家產，一家陷入赤貧，但依然抱定理想，終於在第九年開花結果了，讓木村與妻子眼睛泛著淚光。

你一定不敢相信他的自然蘋果，可放在桌上兩年而不腐爛，還依然清香可口，現在是許多高級餐廳與家庭爭相訂購的產品。有人問他如何度過鄰居的嘲笑，以及連三個女兒的家長費都付不起的困境，他笑著說：「這一生，至少也當一次傻瓜吧。」我想，打造「零碳‧綠色魔法學校」的人，也是一群類似的傻瓜吧！

木村阿公的「自然農法」告訴我們，任何農藥、化肥，對土壤生態都是傷害，即使是「有機農法」的有機肥也不會被植物完

全吸收，多餘的營養終將有害於土壤，使植物的根部失去努力成長與找養分的意志，到最後只有喪失對自然的免疫力而已。

我對綠建築的想法也是如此，綠建築絕不能放縱人類的貪婪，絕不能讓人類變成：在家一切都不必做，變成茶來伸手、飯來張口的廢人。叫一聲，電視就自動開啟；拍個手，音樂就響起；電腦會自動控制所有的空調與照明，讓你不必關冷氣、不必關燈；徹底資訊化設備與網路宅配服務讓你不必上街購物，也不必與討厭的人碰面等智慧化設計，只會叫人沈淪物慾，絕非綠建築之方向。

我一直想創造一個完全自然的綠建築，但我不敢完全用在「綠色魔法學校」上，因為我怕使用者流一點汗、爬一下樓梯就罵人，因此還是用了電梯、空調與能源自動控制；我也怕有人把生態庭園當成濫葬崗，因此也把庭園做得比較整潔；我也深知長官想看高科技的演出，因此也裝了太陽光電板讓媒體報導。

以木村阿公的「自然農法」來比喻的話，「綠色魔法學校」只是「有機農法」而已，並非理想中的「自然農法」，雖然它已節能65%、減少碳足跡37.7%，並已藉由造林達到「零碳」的境界，但我希望有一天人類可以徹底覺悟，能完全不用空調、不藉額外的再生能源、不依賴基地外的造林來中和「碳排放」，並建造出自我循環、生生不息的「自然建築」。

不過，我很高興，「綠色魔法學校」已經引來許多傻瓜，我相信還有其他千千萬萬想拯救地球的傻瓜們，正蓄勢待發。這「諾亞方舟」已啟航，願大家一生都來當一次傻瓜。

「綠色魔法學校」的6大綠色創舉

與林憲德教授合作第一本《我愛綠建築》時,就對他所倡導的綠建築觀念佩服不已。之後就一直想再推出一本從理念、技術及建材等等一氣呵成的綠建築經典案例分享,這本《綠色魔法學校》就是我們期待已久的。在製作本書期間,曾央請作者林憲德教授親自導覽還在趕工的「綠色魔法學校」,我們來到現場非常興奮地一一對照書中內容,真切感受「綠色魔法學校」的專業和用心。可以想見,林教授的團隊必定是克服了重重困難才有今天的「綠色魔法學校」,可是他卻笑笑地瀟灑回應說:「Just do it!」

這座台灣建築史上最綠的標竿綠建築典範,也是亞熱帶綠建築的環保教育基地,除了有非常搶眼的拿破崙軍帽屋頂、飛船造型、太陽光電板上的瓢蟲、百年金龜樹、長毛象及諾亞方舟大壁畫等必拍美景之外(林教授說,這是吸引大家注意力的「糖衣」),千萬不能錯過「綠色魔法學校」的實質寶貴內涵:展現「生態、節能、減廢、健康、平價等精神的6大綠色創舉」,這些綠色創舉都可摘取落實到住家與工作場所、公共空間的每棟建築的喔!

第 1 大創舉:節能超簡單的「綠技術」

「綠色魔法學校」達成的節能成果都是從設計源頭減量,大量運用自然採光和通風的技術。例如照明上精算光源效率,選擇超省電、壽命長的燈具,特別的是在大空間的天花板上沒有任何燈,光線卻依然柔和明亮,訣竅就是將燈具安排在兩側牆,易於維修更新,還省下了配線設備花費。

第 2 大創舉:通風會呼吸的「綠空間」

「綠色魔法學校」處處展現花少錢的自然通風設計,例如深遮陽的開窗、利用吊扇創造多變化風速等。在「崇華廳」還有一項全球罕見的「灶窯通風」設計,讓置身其中的三百位聽眾,冬天不開空調,還是能呼吸清新空氣,更神奇的是天氣越熱、人數越多時,仍不減其健康通風的效果。

第 3 大創舉：減碳又環保的「綠建材」

建築產業是高污染、高耗能的產業。「綠色魔法學校」致力於減少碳排放量，採用高爐水泥做成的鋼筋混凝土，減少了大量爐渣、空氣污染，因此還強化了1.4倍的結構強度；內部隔間牆使用水庫淤泥製成的「預鑄輕質鋼筋混凝土板」，不但減緩水庫淤積的危機，更保護了珍貴的水資源。

第 4 大創舉：健康百分百的「綠裝潢」

從油漆、窗簾、石材、電線到空調設備，「綠色魔法學校」使用的都是健康環保、回收再利用、高功能的綠建材。油漆不含甲醛與重金屬，電線不含鹵性塑膠，窗簾是回收寶特瓶做成，就連廁所也採用腳踩式水龍頭，手免接觸以杜絕細菌傳播，還省電又省水。這些都是很棒的實用綠裝潢。

第 5 大創舉：隔熱又低維護的「綠屋頂」

「綠色魔法學校」打造一個節水、低維護、不施肥、無農藥的屋頂花園，能讓屋頂表面降溫約30℃、室內降溫約7℃，秘訣就是使用可搬動的儲水式植栽盆，同時以水庫污泥陶粒取代一般土壤。另外，花草都精心挑選了耐瘠、耐風、耐鹽、耐污染的多年生本土草灌木，非常值得推廣。

第 6 大創舉：打造超吸水的「綠道路」

「綠色魔法學校」廣場鋪面採用國人研發的JW生態工法，堅固得可開坦克車，但又透水宛如地下河川般，還能降低路面氣溫且吸納汽機車的空氣污染。如果台灣道路都改造，就能讓道路變成防洪的排水溝，同時創造道路下小生物的無限生機。這可說是都市文明與生態共生的最佳典範。

「綠色魔法學校」最神聖的創舉，應該算是一群素不相識的企業家、科學家、教授、藝術家、學生、志工們，組成了「綠建築傻瓜兵團」，用他們的真愛和情義相挺，齊心完成一個拯救地球的「美夢」。在此誠摯邀請你也加入，共同實踐並散播綠建築的真精神！

【附錄】 綠建材一覽：生態、節能、減廢、健康的綠建材

生態

蓄保水植栽槽
蓄保水植栽槽，可增加隔熱效益。
寶銳企業有限公司
聯絡人：吳東源　　　　　地址：台南市東門路三段136號
Tel：06-2676318・06-2894321　Fax：06-2601594　e-mail: tunyenwu@yahoo.com.tw

智慧型滴灌系統、屋頂薄層綠化模矩
屋頂花園採耐乾旱多年生植栽，低壓滴灌系統可節能省電。
當代景觀事業有限公司
聯絡人：何有為　　　　　地址：高雄市苓雅區四維四路172-7號6樓
Tel：07-3332211　　Fax：07-3310764　　e-mail：green88ho@yahoo.com.tw

JW結構性防災空調導水鋪面
運用材料物理特性及流體力學，以簡單的結構突破傳統施工並結合材料技術
創新，形成會呼吸的大地彩衣，有效降低溫室效應。
齊祥工程股份有限公司
聯絡人：蕭香娟　　　　　地址：台北縣樹林市中正路288-48號
Tel：02-86881058　Fax：02-86883258　　e-mail：ding.tai@msa.hinet.net

節能

（UPS）不斷電系統、轉接器／充電器、直流／直流電源轉換器、電子紙、風力發電機、風扇、投影機、Signage（高畫質數位電子看板）
高效率設備有助於減少能源的使用，並達到更佳的使用效能。
台達電子工業股份有限公司　　　　地址：台北市內湖區瑞光路186號
Tel：02-87972088　　Fax：02-87972338

220瓦多晶太陽能電池模組
太陽能電池是一種能將太陽能轉換成電能的裝置，將有陽光時所產生的電能
先行儲存，以供無陽光時放電使用。
旺能光電股份有限公司　　　地址：新竹科學工業園區研發二路2號
Tel：03-5781999　　Fax：03-5781799

綠風百葉窗
比一般百葉窗更具3倍之隔熱效果，節約電力50%以上。
和椿科技股份有限公司
聯絡人：胡宗和　　　　　地址：台北市內湖區洲子街60號1樓
Tel：02-66007528　Fax：02-87523349　e-mail：hwu@robot.com.tw

南亞節能氣密窗
具有高性能隔音、氣密、水密及不腐蝕的特點外，與金屬窗相比較，隔熱
性佳，可節省空調能源消耗，素材可無限次回收使用，不會造成環境二次
污染，已獲得綠建材標章認證。
南亞塑膠工業股份有限公司
聯絡人：吳上源　　　　　地址：台北市敦化北路201號台塑大樓後棟6樓
Tel：02-27122211　Fax：02-27178512　http://www.nanyaenergywindow.com.tw

金屬外遮陽板
針對建築物座向及開口做設計，運用反射原理，增加晝光利用機會。
益菱工業股份有限公司
聯絡人：黃金條　　　　　地址：高雄縣湖內鄉中山路二段二巷19號
Tel：07-6996969　Fax：07-6997890　e-mail：service@ekiryo.com.tw

照明節能控制系統
針對不同區域及用途，結合節能燈組作調光控制，達到最佳化的節能運
用。
鈜智監控科技有限公司
聯絡人：李尹彰　　　　　地址：高雄市前鎮區英明一路36 號1樓
Tel：07-7154286　Fax：07-7112811　e-mail：lcd.light@msa.hinet.net

陶瓷複金屬燈
陶瓷複金屬燈發光效率是一般T8螢光燈管的1.5倍，並且具有95%的演色
性，可讓色彩真實而鮮艷。
堤維西交通工業股份有限公司
聯絡人：吳俊佶　　　　　地址：台南市安平工業區新樂路72-2號
Tel：06-2641500# 400　Fax：06-2639608　e-mail：gary_chen@tyc.com.tw

LED節能燈泡、LED高效節能路燈、LED投光燈
路燈照明結合太陽能、LED照明與電池的獨立景觀照明燈；泛用照明內建
全幅無段相位式可調光功能。
台達電子工業股份有限公司　　　　地址：台北市內湖區瑞光路186號
Tel：02-87972088　　Fax：02-87972338

LED燈、節能路燈
高發光效率省能的節能燈具
光擎企業有限公司
聯絡人：林小明　　　　　地址：台南市北區大武街459號
Tel：02-82215182　Fax：02-82215253　e-mail：service@lightpower.com.tw

減廢

德國Sto外牆岩棉節能隔熱工程
高透氣性、防水性且具有防焰能力，外牆熱傳導率U值可降至0.6，有效降
低建築耗能。
台灣實拓股份有限公司
聯絡人：鄭超群　　　　　地址：台北縣汐止市新台五路一段81號9樓之3
Tel：02-26980100　Fax：02-26980200　e-mail：js1018.x24520@msa.hinet.net

廢輪胎再生步道磚
全透水性，100%使用硫化橡膠（廢輪胎）製成，抗壓強度高與抗拉強度
優。
佳芊橡膠科技有限公司
聯絡人：邱威誠　　　　　地址：屏東市柳州街14號
Tel：08-7650188　Fax：08-7659404　e-mail：wutungfa508@yahoo.com.tw

鋁擠型崁掛式帷幕工法、多種石材供應商
陶粒混凝土輕結構，防火吸音，無甲醛，無致癌物污染。
台灣玉石工業股份有限公司
聯絡人：黃裕斌　　　　　地址：花蓮吉安南濱路一段523號
Tel：03-8420387　Fax：03-8420367　　e-mail：aabinn@hotmail.com

高爐水泥
高爐水泥具有優異的後續強度，可增加混凝土緻密性、易工作性，提升混
凝土強度1.4倍且減少$CO_2$10%使用量。
中國鋼鐵股份有限公司
聯絡人：陳俊廷　　　　　地址：高雄市小港區中鋼路1號
Tel：07-8021111#3830　Fax：07-8039824　　e-mail：111344@mail.csc.com.tw

淤泥陶粒、水陶石、輕質骨材
淤泥再生陶粒是一種廢棄物再生的環保建材，也是一種超輕量的隔熱材，
適合當作內部隔間牆與園藝資材等。
金碩實業股份有限公司
聯絡人：周宗毅　　　地址：台南縣白河鎮秀祐里頂秀祐1之30號
Tel：06-6830093分機12　Fax：06-6831728　　http://www.jinshuo.com.tw

空調節能工程
空調與電機節能工程。
安鼎國際工程股份有限公司
聯絡人：陳金保　　　　　地址：台南市安平區慶平路571號16樓
Tel：06-2989000　　Fax：06-2983762　　e-mail：paul@ad-group.com.tw

綠色營建工程
有效營建污染防制的建築工程。
森榮營造股份有限公司
聯絡人：吳振明　　　　　地址：高雄市苓雅區輔仁路155號15樓之2
Tel：07-7237317　　Fax：07-7116139

 健康

UB-FINE澳洲・省水系統（腳踩式水龍頭）
專利機械式原理完全無需電源，省水率高達**60%**以上。
八京實業股份有限公司
聯絡人：鄭百修　　　地址：桃園縣蘆竹鄉吉林路137號1樓
Tel：03-3116767　　Fax：03-3116565　　e-mail：business@ub-fine.com

600V EM-IL GreenWire環保電纜
不使用含鹵素性塑膠並符合重金屬含量規定，不會造成環境的污染。
大亞電線電纜股份有限公司
聯絡人：徐振雄　　　　　地址：台南縣關廟鄉中山路二段249號
Tel：06-5953131　　Fax：06-5958190　　e-mail：chang@mail.taya.com.tw

超白玻璃、**Low-E**、強化膠合安全玻璃
高效能具有特殊功能及型式的玻璃產品。
台灣玻璃工業股份有限公司
聯絡人：林勇　　　　　地址：台北市南京東路三段261號10樓
Tel：02-2713-0333　　Fax：02-2713-0332　　e-mail：fl@tp.taiwanglass.com

高水密氣密窗

高水密氣密窗可降低雨水對建物的侵害且平均隔絕35分貝的高隔音性能。

台灣華可貴（YKK）股份有限公司

聯絡人：張國安　　　　　　　地址：台北市民權東路二段40號

Tel：02-25115156#662　Fax：02-25629145　e-mail：gchang@ykk.com.tw

環保遮光窗簾、環保地毯

回收尼龍環保地毯；另有具優越的遮光隱密性、防水性及有效的抵擋日曬及紫外光的環保窗簾。

宏遠興業股份有限公司

聯絡人：黃敏勇　　　　　　　地址：台南縣山上鄉明和村256號

Tel：06-5782561　Fax：06-578-2864　　e-mail：teddy.huang@everest.com.tw

抗菌健康鋼材

鋼品表面含有耐久的Microban®抗菌劑的塗膜，能有效抑制細菌生長，避免因細菌而造成異味、污漬、甚至是食物中毒及過敏等之威脅。

燁輝企業股份有限公司

聯絡人：林易欣　　　　　　　地址：高雄縣芋寮路369號

Tel：07-6122328　　Fax：07-6112397　　e-mail：sally@yiehphui.com.tw

蛇紋玉石

具有多孔隙特性、高度磁場、可釋放遠紅外線淨化空氣的綠色建材。

三泰礦業股份有限公司

聯絡人：康秀雪　　　　　　　地址：花蓮縣吉安鄉南濱路一段529號

Tel：03-8420598　Fax：03-8420823　　e-mail：santai94@ms76.hinet.net

備長炭（白炭）

「埋炭」可以將地層中的水、空氣分子經由炭素的多孔質吸附，將土地或水的酸化還原並活性化，讓地層及地表的生物元素復甦。

大雄雙漁企業有限公司

聯絡人：陳秋雄　　　　　　地址：台中市北屯區松竹路三段717-1號

Tel：04-24268077　Fax：04-24262045　　e-mail：d.h@lifecharcoal.com.tw

羅馬無機崗石、透明水泥板

以「無機結合劑」結合天然礦石粉，成分為無害於人體及環境的物質。

光聯興業股份有限公司

聯絡人：賴慧凌　　　地址：桃園縣楊梅鎮高榮里六鄰北高山頂20-2號

Tel：03-4901526　Fax：03-4901520　e-mail：service@romastone.com.tw

克黴樂健康塗料
有效防水耐高溫，抗菌的透氣塗料。
太陽生物科技股份有限公司
聯絡人：曾婷婷　　　　地址：台北市大安區東豐街52號2樓
Tel：02-2700-3633　　Fax：02-2700-3603　　e-mail：ting@biosun.com.tw

環保乳膠漆
耐污耐水性、防霉抗菌、施工容易的健康塗料。
永記造漆工業股份有限公司（虹牌油漆）
聯絡人：王鈴昌　　　　　　地址：高雄市小港區沿海三路26號
Tel：07-8713181　Fax：07-8715443　　e-mail：w8223999@ms34.hinet.net

EPnS環安水性木器漆
耐久性高、安全環保、施工容易的木器塗料。
永群豪國際股份有限公司
聯絡人：吳旻玹　　　　　地址：高雄市前鎮區新生路248-39號3樓
Tel：07-8135995　　Fax：07-8135677　　e-mail：cynthia@ychtw.com

水性建材防護劑
環保無溶劑型材料表面處理應用材料，保護層具有防水、抗老化及預防污
染與病變之效果。
財團法人石材暨資源產業研究發展中心
聯絡人：李士畦　　　地址：花蓮縣吉安鄉光華村南濱路二段534號
Tel：03-8423899#201　　Fax：03-8423823　　e-mail：hylaman@srdc.org.tw

 其他

人工濕地系統
利用各種綠化方式，產生更多綠地，增加生物多樣性。
宏遠興業股份有限公司（捐贈者）
聯絡人：林永祥　　　　地址：台南縣山上鄉明和村256號
Tel：06-5782561　Fax：06-5782864　　e-mail：seanlin@everest.com.tw

諾亞方舟大壁畫
八八水災漂流木製作的壁畫，找回人與自然共存的模式。
財團法人樹谷文化基金會（捐贈者）
聯絡人：洪綉雅　　　　地址：台南縣新市鄉中心路10號
Tel：06-5892400　Fax：06-5892401　　e-mail：treevalley@mail2000.com.tw

說明：以上綠建材供應商名單，同時也是「綠色魔法學校」所使用建材之生產者與捐贈者。

綠色魔法學校（增訂版）
傻瓜兵團打造零碳綠建築

 台達電子文教基金會 贊助出版

作　　者　林憲德

總 編 輯　蔡幼華
主　　編　黃信瑜（本書責任編輯）
發 行 人　洪美華
編 輯 部　何喬
行　　銷　黃麗珍
讀者服務　洪美月、陳侯光、巫毓麗

出 版 者　新自然主義
　　　　　幸福綠光股份有限公司
　　　　　地址：台北市杭州南路一段63號9樓
　　　　　電話：(02)2392-5338
　　　　　傳真：(02)2392-5380
　　　　　網址：www.thirdnature.com.tw
　　　　　E-mail：reader@thirdnature.com.tw

美術設計　陳瑀聲
印　　製　中原造像股份有限公司
初　　版　2010年12月（初版6刷）
二　　版　2013年4月（二版11刷）
三　　版　2016年4月

郵撥帳號　50130123 幸福綠光股份有限公司
定　　價　新台幣350元（平裝）
　　　　　本書如有缺頁、破損、倒裝，請寄回更換。
I S B N　978-957-696-820-4

總 經 銷　聯合發行股份有限公司
　　　　　地址：新北市新店區寶橋路235巷6弄6號2樓
　　　　　電話：(02)29178022
　　　　　傳真：(02)29156275

國家圖書館出版品預行編目資料

綠色魔法學校：傻瓜兵團打造零碳綠建築 /
林憲德 著.一三版.一臺北市：新自然主義,幸福
綠光.2016.04
面: 公分
ISBN 978-957-696-820-4 　　（平裝）
1.綠建築 2.建築節能 3.生態工法

441.577　　　　　　　　　　105003751

新自然主義
幸福綠光

讀者
回函卡

書籍名稱：《綠色魔法學校（增訂版）— 傻瓜兵團打造零碳綠建築》
■請填寫後寄回，即刻成為書友俱樂部會員，獨享很大很大的會員
　特價優惠（請看背面說明，歡迎推薦好友入會）
★如果您已經是會員，也請勾選填寫以下幾欄，以便內部改善參
　考，對您提供更貼心的服務
●購書資訊來源：□逛書店　　□報紙雜誌報導　□親友介紹
　　　　　　　　□簡訊通知　□書友雜誌　　□相關網站
●如何買到本書：□實體書店　□網路書店　□劃撥
　　　　　　　　□參與活動時　□其他

●給本書作者或出版社的話：

填寫後，請選擇最方便的方式寄回：
(1)傳真：02-23925380　　　　　　(3)e-mail：reader@thirdnature.com
(2)影印或剪下投入郵筒(免貼郵票)　(4)撥打02-23925338分機16，專人代填

讀者回函

姓名：　　　　　　性別：□女　□男　　　生日：　　　年　　　　月　　　　日
■ 我同意會員資料使用於出版品特惠及活動通知

手機：　　　　　　　　E-mail：

★已加入會員者，以下免填

聯絡地址：□ □ □ □ □　　　　　縣（市）　　　　　　鄉鎮區（市）
　　　　路（街）　　　段　　　巷　　　弄　　　號　　　樓之

年齡：□16歲以下　□17-28歲　□29-39歲　□40-49歲　□50-59歲　□60歲以上
學歷：□國中及以下　□高中職　□大學/大專　□碩士　□博士
職業：□學生　　□軍公教　□服務業　□製造業　□金融業　□資訊業
　　　□傳播　　□農漁牧　□家管　　□自由業　□退休　　□其他

BOOK

新自然主義

BOOK

新自然主義